晓霞 编著

活在当下

煤炭工业出版社

·北京·

图书在版编目（CIP）数据

活在当下／晓霞编著． －－北京：煤炭工业出版社，
2019（2022.1 重印）

ISBN 978 － 7 － 5020 － 7340 － 4

Ⅰ．①活…　Ⅱ．①晓…　Ⅲ.①人生哲学—通俗读物
Ⅳ.①B821 － 49

中国版本图书馆 CIP 数据核字（2019）第 054834 号

活在当下

编　著	晓　霞
责任编辑	马明仁
编　辑	郭浩亮
封面设计	浩　天

出版发行	煤炭工业出版社（北京市朝阳区芍药居 35 号　100029）
电　话	010 － 84657898（总编室）　010 － 84657880（读者服务部）
网　址	www. cciph. com. cn
印　刷	三河市众誉天成印务有限公司
经　销	全国新华书店

开　本	880mm × 1230mm^1/$_{32}$　印张　7^1/$_2$　字数　150 千字
版　次	2019 年 7 月第 1 版　2022 年 1 月第 3 次印刷
社内编号	20180630　　　　定价　38. 80 元

前　言

　　什么是"活在当下"？这句话先是源自禅宗，禅师是这样解答的："吃饭的时候就是吃饭，睡觉的时候就是睡觉。"这就叫"活在当下"。

　　人总是有悲喜的交替，有成败的转变，有思欲之情,有贪嗔之念……社会总是有善恶的区分，有美丑的界定，有成功的坦途，有罪恶的源泉……"人在江湖身不由己"，"不如意事常八九，可与人言无二三"。红尘中人又怎能如此超脱而"活在当下"呢？

　　其实"活在当下"还有更深的意思，是说人应该放下过去的烦恼，舍弃未来的忧思，把全部的精力用来承担眼前的这一刻。该改变的时候就改变，该停止的时候就停止，该出手的时

候就出手……在生活中把握住现在的每一刻，活在当下就是把握现在，成就未来。

今天的"活在当下"是一种全身心地投入人生的生活方式。"当下"给你一个深深地潜入生命水中，或是高高地飞进生命天空的机会。"活"就是你现在正在做的事、待的地方、周围一起工作和生活的人；"活在当下"就是要你把关注的焦点集中在这些人、事、物上面，全心全意认真去接纳、品尝、投入和体验这一切。把你全部的能量都集中在这一刻，生命因此具有一种强烈的张力。生活的方式、生活的品质、生命的喜乐、生命的特性……所有这些，你都会通过对"活在当下"的感悟而感受到其中的奥妙和魅力。

本书以全新的方式来诠释"活在当下"这句佛语。书中有儒家、佛家等诸家经典提倡的"活法"相互交错地铺陈；也有西方一些现代生活、做人、管理等理念贯穿其中。在取舍中有所扬弃的同时，更多的是赋予"活在当下"的那些直指人心的新内容。

目 录

第一章

品格修炼

第一节　好心态，好人气

　　人会因为各自文化层次和经历的不同，在做同一件事时他们会有不同的表现：有的会表现得很热情，有的会显得很勉强；有的做得好，有的做得不好；有的会因此而功成名就，有的会与成功擦肩而过……造成这不同结果的原因，都是因为他们各自心态的不同。荀子说："心者，形之君也，而神明之主也。"意思即"心"是身体和精神的主宰。心态决定思维的状态。成功的人士知道，一个人有了好的心态，他就能控制好自己的情绪，这样才能决定自己行为的方向。他们更善于调控心态，对善恶成败能轻松地取舍。

善待自己

当一个人站在你面前的时候，不论他是不名一文的乞丐，还是腰缠万贯的富豪；也不论他是不懂世事的孩童，还是德高望重的老者，我们都应该对他们持有一颗慈善、怜爱和忍让的心。给他一个微笑，帮他一个小忙，必要的时候还需要我们挺身而出，要知道"赠花予人，手也留香"，人的魅力也就是建立在这个基础上的。

在山间偏僻的公路上，两个持枪歹徒强迫漂亮的女中巴司机停下，要带女司机下车去"玩玩"，女司机情急呼救，全车乘客中只有一个瘦弱的中年男子应声奋起，却被歹徒打

伤在地。男子气急了，奋起大呼全车人制止歹徒的暴行，却无人响应，任凭女司机被拖至山林草丛被歹徒施暴。

半个时辰后，两个歹徒与衣衫不整的女司机回来了。车又要开始行驶，但出乎所有人意料的是，女司机要求被打伤流血不止的瘦弱男子下车。男子不肯下车，说："你这人怎么不讲道理，我想救你还有错吗？"

"你救我？你救我什么了？"女司机矢口否认，引得几个乘客窃笑。

中年男子气急了，他坚决不下："再说我买票了，我有权坐车！"

司机扬起脸无情地说："不下车，我就不开。"

更没想到的是，满车刚才还对暴行熟视无睹的乘客们，却齐心协力地劝那男子下车："你快下去吧，我们还有事呢，耽搁不起！"有几位力大的乘客甚至想上前拖这中年男子下车。

一场争吵过后，人们把那个男子的行李从车窗扔出去，他随后被推搡着下了车。汽车又平稳地行驶在山路上……

第二天，当地报纸报道："昨日发生惨祸，一中巴摔下山崖。车上女司机和30名乘客无一生还。"半路被赶下车的中年人看到报纸哭了，可谁也不知道他为什么哭……

面对歹徒的暴行，虽然中年人没有能力阻止司机受辱，但他也竭尽全力来阻止了。如果他没有那样做，他可能也和那30名乘客一样，成为地下鬼。因此，我们要善待眼前的人和事，这样才能很好地活在当下。有时候，自己的命运是用自己的善心来改变的，正如但丁说的那样："洗涤自己的心灵，就是靓丽自己。"

一天，大雨不期而至，一位老妇人蹒跚地走进费城百货商店避雨。看她姿容狼狈，装束简朴，许多售货员都用他们习惯的冷漠对她视而不见。这时，一个叫菲利的年轻人诚恳地走过来对她说："夫人，我能为您做点什么吗？"

老妇人微笑着说："谢谢，我躲会儿雨就走。"说话之际，菲利却搬了一把椅子放在门口，并对她说："夫人，您坐下休息一会儿吧。"

雨停后，老妇人要了他的名片，并向菲利道了谢。几个月后，费城百货公司收到了一张订单，要求他们派这位年轻

人去苏格兰装潢一整座城堡，并承包他们所属几家大公司下一季度的办公用品采购。

原来，这位老妇人是美国亿万富翁"钢铁大王"卡内基的母亲。事后，菲利因此得到了董事会的赏识，成了这家百货公司的合伙人。后来的几年中，菲利得到了"钢铁大王"卡内基的大力扶助，事业扶摇直上，成为美国钢铁行业仅次于卡内基的重量级人物。

菲利成功地得到晋升，并不仅仅是由于他的才能，而在于他对一个素不相识的人的爱心。很多人不愿做为他人提供方便的小事，认为做这样的小事妨碍自己的工作，更无益于自己的成功。即使做点好事，要么一时心血来潮，要么是沽名钓誉，更缺乏长期坚持善良的毅力和勇气。

因此，活在当下总是面带微笑，心存善意，就像佛语所说的那样，自己总是"有情众生"的话，那么你与世界交换的物质、信息必然发生变化，你与他人的关系就变得更融洽，你更会具有亲和力，你在社会中的位置也会快速地提升起来。

平常心

　　宽心待事的心态就是遇事有一颗平常心，在做事时笑对成败。中国自古讲究"胜不骄，败不馁"。笑对成败、荣辱不惊是一个人修心达到的高境界，是人任何时候都应该具备的。没有一颗宽心，就不会有一个好的起点。在这个世界上，往往是成功者活得潇洒自在，失败者过得空虚难熬。有这种强烈反差的原因，更多的是失败者产生了失衡的心理，他们因为自己心态的不正而产生了嫉妒和仇恨。嫉妒和仇恨就像一个镣铐，这个镣铐又是自己给自己戴上去的。戴着这种镣铐的人，他永远不能在事业上超过他人，有时候还成为

社会不和谐的因素。

活在当下，遇事宽心最重要的就是要失败者调整好自己的心态。当他遇到困难和挫折时，对事，我们不能只挑选很容易的倒退之路；对人，我们不能有"你不仁我不义"的以牙还牙思想，否则，我们就会陷入更加惨败的深渊。我们要学习成功者的经验，在眼前遇到困难时，首先要怀有挑战困难的意识。困难和挫折同样的会使他们很痛苦，但他们会不停地告诫自己："我忍！我再忍""一定有办法""说不定还是好事"等，自己用一些积极的意念鼓励和安慰自己，这样他们会发挥自己最大的潜能，想尽一切办法，使自己不断前进，直至最后的成功。

这就是成功人士所谓的宽心待事，这种宽心待事使我们在失败面前不至于自怨自艾，能使我们把更多的精力用在解决问题上。因此，宽心待事是产生进取心的基础，在平和的心态中人能获得更多对自己有益的东西。平和的心态，又能积极地进取，就可以造就伟大的成功；消极思想的堆积，足以让人万劫不复。

成功最大的敌人就是自己失势时的消极——这是不正常的。这种不正常的心态常常把我们绊倒。要想在当下活得

洒脱，必须牢固树立积极的心态，彻底清除消极的心态。正如沙士比亚所说："消极是两座花园之间的一堵墙壁。它分割着时秀，惊扰着安息，把清晨变为黄昏，把昼午变为黑夜。"

宽心待事，就是保持一种"轻松平和"的心态，正确地看待自己，平和地对待别人，努力与周围的环境保持和谐。人生活在当下，自然要与他人、与社会发生这样那样的联系，以一颗平常的心态去做人做事，有时能决定你人生的成功。

在清朝时，有一位叫吴棠的人在江苏地面做知县，一天有人来报，说吴棠的一位世交过世，送丧的船就停泊在城外的运河上。吴棠就派差役送200两银子，并约改日去吊唁。

差役送完银子回来，描述送银子时的情形，这与吴棠的世交不相符，细问才知道送错了对象。吴棠为此很生气，立刻命令差役追回这200两银子。

可身边的师爷思考了一下，就提醒吴棠，说送出去的礼再要回来，这样的知县就会显得很小气，不如因此做个顺水人情。吴棠想了想觉得也对，第二天还专门到船上去吊唁。

原来，错送银子的船上也是一家送丧的，而且是两个满

洲姐妹，因为家道中落，才使得用两个女人护柩北上。她们一路上孤苦伶仃，从没有人上船嘘寒问暖，没想到却在这里遇到了父亲的故友旧交，心里百感交集。

吴棠在船上吊唁了一番，又与两姐妹叙谈，在殷殷关切之后，便起轿回衙了。

不承想山不转水转，多年之后，两姐妹中的姐姐成了慈禧太后，成了中国的最高统治者。但慈禧太后没有忘记当年的吴知县，在朝堂中多有询问。最后吴棠做了巡抚，显赫一时。

假如吴棠以"我凭什么要送给她"的心态思考处理此事，结果有两种可能：第一种遭人笑话，知县的面子无存，还有暴露财产来源不明之嫌；第二种就是遭到姐妹的嫉恨。以慈禧的性格，事后不把他抄家问斩才怪呢！这样，他的命运就会因此改变，直至最后丢官丧命，甚至殃及全族。

很多人在心态失衡的状况下，他们总是把名利、得失来看得很重，一旦事情不如自己的意，他们就觉得自己身边"黑暗"无比，感到自己在现实中很难被人很公正地接受和认可，做事更是处处失败。可怕的是，这种情绪反过来会强化他的消极心态，人会因此陷入恶性循环当中，就不会再有成功了。

  所以，不论我们成功的难度有多大，只要我们生存在这个星球上，行走在这个花花世界里，就要以积极健康的平常心来面对一切得失。这样，能使自己养成一种宽心待事的积极心态，使自己有一把万能的钥匙，打开成功路上所有关口的门，让你的前进畅通无阻。

不放弃的痴心

有人曾经说："越是有本领的人，脸皮越是比平常人要'厚'。"这里所说的"脸皮厚"就是说一个人在做事时有一颗"痴心"。痴心的人，虽然被"聪明"的人所轻视，但这却是每个想要成功的人不得不具备的一项修炼。一个人缺乏痴心，心眼又小，是那种做事前怕狼后怕虎的人，在遭遇人生的挫折和失败的时候，他总不能勇往直前、百折不挠地去争取属于自己的成功。

因此，一个人要想成功的话，除了要有智能、胆识，还要拥有另外一种心理素质———执着，要有不怕碰钉子，不

怕撞南墙的"痴心"。

有一个腿瘸的大学生，去应聘一家企业。结果经理告诉她，她来晚了，招聘工作已结束了。

其实经理这样说，只是一种推辞。因为她残疾，经理根本没看上她。按常理来说，事情到了这种地步，一般人会选择放弃，然而这位大学生却没放弃。她三天两头地去公司找经理软磨硬泡，一遍遍地介绍自己，诚挚地表示愿意为企业效力。但经理懒得理她，甚至多次轰她出去，还告诉门口的保安不准放她进来。

这家企业大门她是进不去了，她换了另外一种"求职"的方式：隔三差五地给经理打手机或者发短信，尤其是周末或者是节日，她总是少不了献上一个慰问电话或一条祝福的短信。

起初经理烦得要命，见是她的电话要么不接，要么就骂上一句。但这位大学生，面对如此的经理还总是语气温馨有加。时间长了，毕竟人心都是肉长的，经理渐渐地对她的态度温和起来了，偶尔地还和她聊上一句。半年后，经理终于被她的这种不放弃的精神感动了，这位大学生如愿以偿地在

这家企业干上了人事工作。再后来由于成绩斐然，她还被提升为人事部的经理。

活在当下，天上不可能掉下馅饼，你不主动走出去寻找机会，不主动去和人沟通，那你永远也不可能有成功。我们对自己要有信心，对认准的目标怀着必胜的决心，主动积极地争取有一颗不放弃的痴心。活在当下，那么怎样才能使自己有一颗不放弃的痴心呢？

第一，胆大。

对自己的能力、亲和力等有信心，一定要时刻告诉自己：我是有实力的，我是有优势的，我是有能力的，我的形象是让人信赖的，我是个专家，我是个人物，我是最棒的。在做一件事之前应有充足的准备工作。记住，做事时你要像和你心仪的女孩子第一次约会，一定要注意检查好自己：必备的东西是否备齐？自己的形象是不是无可挑剔了？走起路来是不是挺胸抬头？自己表情是否很放松等等。你不是在劣势，你和对手是平等的。这也正如当下很多人追求心仪的女人，你并不是去求她给你恩赐，而是让她不错过一个能让她幸福的男人；同样，我们面对对手，一定要有这种平衡的心态：对手是重要的，我是同等重要的。同样，在事业上，如

果两者能合作，对手会为我们带来业绩，而我们也会给对方带来创造财富的机遇。

第二，心细。

这就要求我们善于察言观色，投其所好。我们面对一位对手，对手最关心的是什么？对手最担心的是什么？对手最满意的是什么？对手最忌讳的是什么？只有你在他的言谈举止中捕捉到这些，你的谈话才能有的放矢，你做事才能事半功倍。否则肯定是瞎折腾，使目标成为"水中月，镜中花"。那么，做人怎样才做到心"细"呢？

1.在学习中进步

只有具有广博的知识，你才会具有敏锐地思想。对一件事的背景、对自己的专业知识更是要熟知。

2.在会谈中要注视对方的眼睛

注视对方的眼睛，一则显示你的自信，二则"眼睛是心灵的窗户"，你可以透过他的眼神发现他没用语言表达出来的"内涵"，一个人的眼睛是无法骗人的。

3.学会倾听

除了正确简洁地表达自己的观点外，更重要的是要学会多听。听，不是敷衍，而是发自内心的意会，交流那种不可

言传的默契。

第三，痴心不改

有自尊的痴心实际上是优秀的心理素质的代名词，它要人做事时是全身心的投入。还要要求我们正确认识挫折和失败，有不折不挠的勇气。我们在工作当中，会有很多次失败，但你一定要有耐心，你要相信所有的失败都是为你以后的成功做准备。这个世界有一千条路，但却只有一条能到达终点。你运气好，可能走第一条就成功了，但如果运气不好，你可能要尝试很多次，但记住：你每走错一条路，就离成功近了一条路。谁笑到最后，谁才会是赢家。为什么这个世上有成功者也有失败者，原因很简单：成功者比失败者是痴着心在他人的嘲笑中多坚持了一步。

心怎样才能"痴"起来呢？

（1）永远对自己保持信心。不能够成功的事，并不是自己的能力问题，而是时机不成熟。

（2）要有必胜的决心。虽然失败了很多次，但你一定要认为最终会成功。

（3）要不断地总结自己的成功之处，要不断地挖掘自己的优点。

（4）要正确认识失败，失败是成功之母。

（5）要多体味成功后的成就感，这将不断激起你征服的欲望。与天斗，其乐无穷；与地斗，其乐无穷；与人斗，其乐无穷。

活在当下，要把每次与人的争斗，当作是你用人格和胆识征服一个人的机会。只要你将"胆大、心细、心痴"六字真经发挥得恰到好处，相信在情场上你是个得意者，在商场上你是个成功者。一个人要想真正的成功，就要付出所谓别人看来的痴心。对事没有了痴心，胜利永远也不会向你招手的，谁的"心痴"，谁离胜利就是最近的。

第二节　修炼耐性

　　威信的树立，讲的是"不怒自威"。这也是建立威信的最高境界。放弃彼此的恩怨，收敛自己的锋芒，显出自己的沉稳，威信就显露出来了。清朝时顾炎武曾说："张显锋芒，则超然无侣，虽鹤立鸡群，亦观于大海之鹏，方知渺然自小，又进而求之九霄之风，则知巍乎莫及。"也就是说，根底肤浅而又锋芒太露是成不了大器的，只有建立在谦虚谨慎、永不自满的基础之上的事业才是健康、有益的事，才能真正地对自己、对家人、对社会负起责任，才能担得起大任。

冷静处世

一个人生活在社会上，免不了会遭到不幸和苦难的突然袭击。有一些人，面对从天而降的灾难能泰然处之，能使自己平静待之；而有的人面临突变时会方寸大乱。为什么受到同样的打击，不同的人会产生如此大的反差呢？原因就在于人们能否学会冷静应对各种突如其来的生活变故。

齐达内把足球运动演绎得异常完美，原本已经要退役的这名老将为二十八届世界杯再次复出，这让无数球迷为之欢呼，这也是他最后一次向世人展示他的天赋。

在世界杯上一切都进行得那么顺利：漂亮的"勺子"点

球，精彩地连过三人，在加时赛上还具有的惊人爆发力，这无不让人惊叹赞许，足球在他脚下似乎和他是融为一体的。然而在世界杯的决赛上，却发生了让全世界为之震惊的一幕：齐达内用头猛烈的撞击在马特拉齐的胸膛上！这个举动招致了一张鲜艳的红牌，使齐达内含着泪水从大力神杯旁走过时，整个球场融在一片蓝色的旋涡中时，看球的每一个人都有一点麻木的感觉。

第二天的各大媒体上都在热烈地讨论着马特拉奇到底说了什么，让如此成熟且有经验的老手居然会如此冲动。铺天盖地的报道都是认为齐达内当时不够冷静，马特拉奇在"耍阴谋"并得逞了，他利用了齐达内的冲动，使齐达内这个法国队的核心下场，从而削弱了对手的战斗力并战胜他。但这也得归咎于齐达内的不冷静，逞一时之快，留下的是后患无穷，本来是自己完美的谢幕却毁于失控的刹那间。人们在忧伤地送别齐达内的同时，他也为我们上了最后一课——人要冷静。

科学研究表明，因为过度的紧张、兴奋，会引起脑细胞机能紊乱，人就会处于惊慌失措、心烦意乱的状态，这时

更会缺乏理性思考，虚构的想象会乘隙而入，使人无法根据
实际情况做出正确的判断。可当人平静下来，再看先前的不
幸和烦恼时，你会觉得所有的恐怖与烦恼只是人的感觉和想
象，并不一定全部是事实，实际情形往往总比人冲动时的想
象要好得多。人陷于困境往往来源缘于自身，是对自己和现
实没有一个全面正确认识，在突变面前不能保持情绪稳定。
因此，当你处于困境时，被暴怒、恐惧、嫉妒、怨恨等失常
情绪所包围时，不仅要压制他们，更重要的是千万不可感情
用事，随意做出决定。

　　比如女人喜欢三五成群地一起出门购物，和一个女朋友
出门的话，这个朋友就能给你好的穿衣意见，可是几个女人
在一起时，冲动指数会以乘法增加。如果一个朋友抢先买下
了你的理想衣服，另一个就可能耿耿于怀，强迫自己非买几
件比别人好的才罢休。攀比时的脑袋是火热的，会给自己的
购物冲动火上添油。冷静下来一看，说不定买的东西毫无价
值。冷静的好处是，心态能再放松的情况下，独自理智地做
一件事。犹如购物，别人买到的好东西是别人的，而你要平
静地找寻，说不定也会找到更适合自己的东西。

　　所以，冷静使人清醒，冷静使人沉着，冷静使人理智稳

健，冷静使人宽厚豁达，冷静使人有条不紊，冷静使人心有灵犀，冷静使人高瞻远瞩。冷静与稳健携手，诸葛亮冷静，镇定地用一座空城吓退司马十万兵；越王勾践冷静，反省卧薪尝胆图复国；鲁迅冷静，才有面对口诛笔伐"横眉冷对千夫指"的理智。但在不幸和烦恼面前，怎样才能使心冷静呢？

行之有效的办法不外乎是尽情地从事自己的本职工作和培养广泛的业余爱好，暂时忘却一切，尽情享受娱乐的快感。只要你多给人们以真诚的爱和关心，用赞赏的心情和善意的言行对待身边的人和事，你就会得到同样的回报；要学会宽恕那些曾经伤害过你的人，别对过去的事耿耿于怀。宽恕，能帮助我们愈合心灵的创伤，相信自己的情感，千万不要言不由衷，行不由己，任何勉强、扭曲自己情感的做法，只能加剧自己的苦恼而使自己更冲动。

在面对生活时，人需要冷静；被人误解、嫉妒、猜疑时，人需要冷静；得意、顺利、富足、荣耀时，人需要冷静；面对金钱、美色、物欲的诱惑时，人需要冷静。我们应该学会用冷静的心态做事，这样做事才会更理智，才会增加事情成功的概率。

小不忍，则乱大谋

每个人都希望自己的每一天都能过得开心，可是既然是生活，就总会有一些小波澜的扬起、小浪花的飞溅。在这种情况下，斤斤计较会让自己的日子过得阴暗、乏味，使自己的生活滑向苦闷的深渊。只有豁达的胸襟才能让每天的生活充满灿烂的阳光。

我们只要生存在社会，就得要与各种各样的人打交道，这就免不了面临着有与别人发生矛盾与冲突的可能。有的人能与交往的人平和地相处，有的人却与周围的人为鸡毛蒜皮的事而纷争不断，其间的界限从心理上说就是能忍与不能忍。

　　许多时候别人的某一句话、某一个动作、某一个眼神或某一件小事，这都有可能成为你斗气的导火索。面对这些事时，有时你会假想别人是对你不尊重，假想别人是对你不利，假象别人是在攻击你。因此，你不要总是一本正经地对待小摩擦，不要一味地自以为是，这就会使你费神劳心，结果是自己跟自己过不去而斗气。假如你遇见一蛮汉，粗人迷信以拳头定输赢，动不动就跟人家比力气，甚至会打得你头破血流。所以在生活中，无论你有多么委屈，你都不要争一时之快，记住小忍人自安。

　　《三言二拍》里有这样一个故事：一老翁开了家当铺，有一年年底时，来了一人空着手要赎回当在这里的衣物，负责的管事不同意，那人便破口大骂，可这个老翁慢慢地说道："你不过是为了过年发愁，何必为这种小事争执呢？"随即命人将那人先前当的衣物找出了四五件，指着棉衣说："这个你可以用来御寒用，不能少。"又指着一衣袍说："这是给你拜年用的，其他没用的暂时就放在这里吧。"那人拿上东西默默地回去了。当天夜里，那人居然死在别家的当铺里，而且他的家人同那家人打了很多年官司，致使那家

当铺家资花费殆尽。

　　原来，这人因为在外面欠了很多钱，他事先服了毒，本来想去敲诈这个老翁，但因为这个老翁的忍辱宽恕而没有得逞，于是便祸害了另一家人。有人将事情真相告诉了这个老翁，这个老翁说："凡是这种无理取闹的必然有所依仗，如果在小事上不能忍，那就会招来大祸。"

　　要学会不在意，别总拿什么都当回事，别去钻牛角尖，别太要面子，别事事较真儿，别把鸡毛蒜皮的小事放在心上，别过于看中名利得失，别为一点小事而着急上火……动不动就大喊大叫，往往会因小失大，做人就要有"忍"的功夫。

　　人们总爱把大哲学家苏格拉底的妻子作为"悍妇、坏老婆"的代名词。据说，苏格拉底的妻子是个心胸狭窄、冥顽不灵的妇人。她经常唠叨不休，动辄破口大骂，常常使大哲学家窘困不堪。有一次，别人问苏格拉底："你为什么要这么个夫人？"他回头说："擅长马术的人总要挑烈马骑，骑惯了烈马，驾驭其他的马就不在话下。我如果还能受得了这样的女人的话，恐怕天下就再也没有难以相处的人了。"

　　所以，与难说话的人交往，从另一个角度说对自己也是

一种历练。每一个人总会有这样或那样的缺陷，如果不知容忍，你就没办法与人相处。就是在街上也会无意中碰上鸡毛蒜皮的事，人与人之间的矛盾、摩擦在所难免，你是咄咄逼人的斗气呢，还是息事宁人？退一步海阔天空更自在，进一步龙虎相斗两伤害。遇事彼此相让，矛盾就会消除在挥手之间。可现实中却有一些人好争一时之气，为本不足挂齿的小摩擦斗气，吵得不可开交，甚至刀棒相加，不惜轻掷血肉之躯，去换取所谓的"自尊"，这是多么的可悲可叹啊！

隋炀帝十分残暴，全国各地起义风起云涌，许多官员也纷纷叛变，转向投靠义军，因此，隋炀帝对朝中大臣易起疑心。

唐国公李渊悉心结纳当地的英雄豪杰，多方树立恩德，因而声望很高，许多人都来归附。同时，大家都替他担心，怕他遭到隋炀帝的猜忌。正在这时，隋炀帝下诏让李渊到他的行宫去晋见。李渊称病未能前往，隋炀帝很不高兴，多少产生了猜疑之心。当时，李渊的外甥女王氏是隋炀帝的妃子，隋炀帝向她问起李渊未来朝见的原因，王氏回答说是因为病了，隋炀帝不满地问道："那他就会死吗？"

王氏把这消息传给了李渊，李渊并没有与隋炀帝斗气，

他以忍为上，从此更加做事谨慎起来，因为他知道自己迟早会为隋炀帝所不容，但过早起事又力量不足，只好隐忍等待。于是，他故意败坏自己的名声，整天沉湎于声色犬马之中，而且大肆张扬。隋炀帝听到这些，果然放松了对他的警惕。这样，才有后来的太原起兵和大唐帝国的建立。

的确，生活中有时会遇到了意外情况，这往往使你陷入尴尬的局面，这时，如能采取某些妥善措施，让对方面子上好看些，那是再好不过的事，这会使对方永远感激你。千万别为了一场小争执。一次小摩擦而斗气，毁了他人也毁了自己，那是毫无价值的。斗气通常是发生在一时之间，是人的不满情绪的流露，忍一忍就会心平气和。

工作中，我们会遇到不快：被上司责备，就觉得心里不舒服；自己的工资比别人的低，觉得不公平；同事之间相处不好，觉得被排挤；每天加班无止境，觉得太委屈……不快乐的理由太多，我们要学会对其一笑了之，不要每天抱怨连天，要是斗气的心理在作怪的话，你就不会快乐，更会使你走向极端。俗话说："忍得一时之气，能解日后之忧。"人们只要以律人之心律己，恕己之心恕人，保持宽容心态，就能做个心宽体胖、事事顺畅的人。

稳重处事

  人们总是在推崇自信，很多人由于过分的自信而变成了张扬。在职场上本来是"领头雁"却最终成为了"出头鸟"。我们不提倡"为人只说三分话"的圆滑，但也不赞成那不可一世的骄纵轻狂。真正有本事的人有"不显山不露水"的稳重，能做到绵里藏针。

  真正有能力的人，是不会刻意来证明自己有能力的。自尊心强、唯我独尊的人，特别害怕被人忽视和瞧不起，他们会用挑战的方式证明自己是了不起的、值得尊重的。但是，被挑战的人，如果自尊心受到伤害，他们一定会压制挑战者

的威力，或者报复挑战者。用挑战来实现自己的唯我独尊，这不是明智之举。

富兰克林年轻时，处处咄咄逼人。他父亲的一位好友把他唤到面前，用很温和的言语规劝道：

"富兰克林，你想想看，你不肯尊重他人意见，事事都自以为是的行为，结果将使你怎样呢？人家受了你几次这种难堪后，谁也不愿意再听你那一味矜夸骄傲的言论了。你所交往的人将一一远避于你，免得受了一肚子冤枉气，这样你从此将不能再从别人那里获得半点学识。何况你现在所知道的事情，老实说，还只是有限得很，根本不管用，其实你身边的人很多都比你有水平，你的轻狂自大只能让他们知道你很无知。"

富兰克林听了这一番话满脸羞愧，大受感动，深知自己过去的错误，决意从此痛改前非，处事待人处处改用谦虚的态度，言行也变得谦恭和顺，时时慎防有损别人的尊严。

不久，他便从一个被人鄙视、拒绝交往的自负者，渐渐地转变成为到处受人欢迎爱戴的人了。他一生的事业也得益于这次转变。如果富兰克林当时没有得到这样一位长辈的劝

勉，仍旧事事妄自尊大，说起话来不知天高地厚，不把他人放在眼里，那结果一定不堪设想，至少美国将会少了一位伟大的领袖。

生活中能做到绵里藏针的人，一定能坦诚地接受别人的批评意见，然后加以冷静的分析，从而修正自己思想上的偏差，以此来提高自己的能力。因此在人生旅程中，做到绵里藏针的人往往是无往不利。如果是一个骄傲自满的人，他们不仅无法坦然地接纳别人的意见，那种自以为是的思想还成了他进步的最大敌人。因为一个人妄自尊大的话，就会使他周围的人个个获得不快的印象，所能交得的新朋友，将远没有失去的老朋友那样多。所以，不管是什么时候，人还是谦虚一点为好，锋芒太露的人往往会把自己架空起来毫无支撑，最后成为孤家寡人，很难成就大事。

其实，藏锋也是一个"养锋"的过程。历史上的齐威王是一代明君，他的励精图治成就了他的霸业，"不鸣则已，一鸣惊人"这句成语说的故事就与他有关。

在奸臣当道政局动荡不安的时候，年轻的齐威王继任了王位，尽管他有大展宏图的志向，但苦于时机不成熟，而是在隐忍中隐藏了自己的锋芒。三年之后，他对身边的臣僚了

如指掌了，在大臣淳于髡的帮助下，迅速地铲除了奸佞，肃清了朝纲，很快地天下安定，百姓安居乐业。如果齐威王登上王位伊始，锋芒毕露，那么可想而知，他的王位还没坐稳就可能招至杀身之祸，更不用说以后的奋发图强了。

三国时的杨修就与齐威王截然相反，他虽极富才华，但因处处展示自己，终被曹操所不容，最终被曹操找了一个借口给杀了。如果杨修稍微收敛一下自己的言行，做到绵里藏针，或许还能得到曹操的重用，更不会落个以扰乱军心而以正法典的下场。

当下社会人才济济，活在世间，不要总以为别人都比自己差，切莫心中暗暗自诩为"鹤立鸡群"，这种观念促使你与周围的人格格不入，自己在自己的身边筑起一道高高的人际"隔离墙"，自己束缚了自己前进的手脚不说，更会自毁前程。

第三节　提高诚信度

在今天的社会，在小心不被人欺骗、不被坏风气沾染的同时，你还要努力坚守自己的一份诚信，甚至还要做到以"信"报"欺"。一个人要成大器、立大业，即使你真诚待人却不可能得到真诚的回报，那你也要坚持自己的原则，做一个诚实守信的人。这样，才能加速你的成功。

言必行，行必果

当下成事的人要能"言必行，行必果"，逞一时的英雄轻易地许诺，这就很容易使自己食言，误了别人的事不说，更重要的是使自己丢了做人的操守。

守信，简单地说就是能兑现承诺，说到做到，不违约，一诺千金。这种修炼对社会和他人来说是一种责任的体现，对自己来说是自我内涵的外延。你自己去兑现你许下的诺言，你的人格会散发出永久的魅力。

韩信年幼时家里很穷，他跟着哥哥嫂嫂住在一起，靠吃剩饭剩菜过日子。韩信白天帮哥哥嫂嫂干活儿，刻薄的嫂

嫂还是非常讨厌他。于是韩信只好流落街头，过着衣不蔽体、食不果腹的生活。有一位老婆婆很同情他，还每天给他饭吃。面对老婆婆的一片爱心，韩信很感激，他对老人说："我长大了一定要报答你。"老婆婆笑着说："等你长大后我就入土了。"

后来韩信被刘邦封为楚王，但他仍然惦记着这位曾经给他帮助的老人。他于是找到这位老人，将老人接到自己的宫殿里，像对待自己的母亲一样对待她。这是《汉书》上记载的一个故事，胯下之辱说的是韩信的隐忍劲，善待老婆婆的记载，赞赏的却是韩信的一诺千金。

很多人都没有注意到：越是细小的事情，越容易给人留下深刻的印象。比如，在生活中你向人借钱后，到了约定的日子仍没去还钱，你会随口说"过几天再说吧"。这样，对方就会认为你是一个不负责任的人，对你的诚信就会产生怀疑的态度。所以，影响你诚信的事是无大小的。

曾参，春秋末期鲁国有名的思想家、儒学家，是孔子门生中七十二贤之一。他不仅博学多才，且还十分注重修身养性，德行高尚。他打造自己的诚信也是从身边小事做起的。

　　传说有一次，他的妻子要上集市，他的儿子吵着要去。曾参的妻子不愿带儿子去，便对他说："你在家好好玩，妈妈回来杀猪煮肉给你吃。"儿子听了就不再吵着要跟着去集市了。

　　一般人认为，这话是哄儿子说着玩的。过后，曾参的妻子便忘了。这样哄孩子是我们在生活中常有的事，但曾参却真的把家里的一头猪杀了。妻子从集市上回来后，气愤地对丈夫说："我是哄儿子说着玩的，你怎么就真把猪杀了呢？"曾参却说："孩子是不能欺骗的！他不懂事，还没有辨别能力，接触到的是父母，所以什么都跟父母学。你现在哄骗他，等于是在潜移默化地教他学会欺骗。再说，你现在欺骗了孩子，孩子以后自然也就不相信你了，你以后还怎么教育孩子？"

　　但凡一诺千金的人会赢得钦佩和尊重。活在当下，就要养成讲真话、不欺骗、诚恳待人、说到做到的品德，这样，在社会上才能立稳脚跟，受到别人欢迎。

　　美国犹他州、土尔市的一位小学校长路克，1998年11月9日在雪地里爬行1.6公里，历时3小时去上班，并且受到过路人和全校师生的热烈欢迎。

　　原来，这个学期初，为激励全校师生的读书热情，路克曾公开打赌：如果你们在11月9日前读书15万页，我就爬行上一次班。于是全校师生猛劲读书，终于在11月9日前读完了15万页书。

　　有人劝他："你已经达到激励学生读书的目的了，不要爬了。"

　　可路克坚定地说："我要讲信誉，我一定要爬着上班。"

　　经过三个小时的爬行，他终于爬到了学校，全校师生夹道欢迎自己心爱的校长。当路克从地上站起来的时候，孩子们蜂拥而上，拥抱他，吻他……校长的人气在学校就这样膨胀开来。校长的这次表现，得到人们的赞同和尊敬，因为"人无信不立"。校长的故事向人们阐明了这样一个道理：一言九鼎如同扎根于土壤中的大树，根扎的越深，越有生命力。

　　在当下，不要在诚信上太马虎，这样就容易在不知不觉中使自己的信用丧失掉。一个成功的人说起话来总是一诺千金，他们订制合同后从不违约，也决不开出所谓的"空头支票"。他们知道，打造好自己的诚信度，成功才会来得快，一旦信用丧失，在当下会很难做成事，他们的人生也必将会失败。

清清白白做人

社会物质生活日益丰富，有些人把心灵的美德忘却了，把"清白做人"这个人生的命脉丢失了。对于说假话、欺上瞒下的人，我们要嗤之以鼻，这不仅能维护社会风气，而且自己也能因此得到社会的认可。

我们不难遇到商品假冒、合同欺诈、出版剽窃；人们每天都要食用的米说不准就是毒米；甚至用来治病救人的药冷不防也会成了假药……可以不客气地说，做人"清白"的危机渐渐逼近我们的生活，这不能不让人感到恐惧。于是，很多人渴望清清白白做人，呼唤"清白"回归到自己的身边。

如果人与人之间尔虞我诈，做事总是失去"清清白白"，那么，一切的运行也将失去和谐。

做人清白是一个人为人的基本准则，也是衡量一个人品质的基本要素。清清白白做人，就是不管在何时、何地，都不要做对不起朋友的事，不做对不起同事的事，与人相处坦坦荡荡的，始终保持着应有的清白本色。清白做人的内涵原本是很丰富的，但有时主要是从对金钱的态度而说。

早年，尼泊尔的喜马拉雅山南麓的一个村庄很少有游客涉足。后来，许多英国人到这里观光旅游，据说这是源于一位少年的诚信。

一天，几位在搞建设的英国工程师请当地一位男孩代买罐头，这位男孩为他们跑了几个小时。第二天，那个男孩又自告奋勇地再替他们买罐头。这次工程师们给了他很多钱，可直到第三天下午那个男孩还没回来。于是，工程师们议论纷纷，都认为那个男孩把钱骗走了。第三天夜里，那个男孩却敲开了工程师的门。原来，他只购得四瓶罐头，尔后，他又翻了一座山，趟过一条河才购得另外六瓶，返回时摔坏了三瓶。他哭着拿着碎玻璃片，向工程师交回零钱，在场的人

无不动容。这个故事使许多外国人深受感动。后来，到这儿的游客就越来越多……

人们往往是靠行动告诉人自己是清清白白的，这是任何人都应该努力培植自己良好的行为，使人们都愿意与你深交，都愿意竭力来帮助你。

下面是一个在职场上流行很广的故事：

"如果我雇用了你，"老板对求职的者说，"我想你会按照我说的去做吧？"

"是的，老板。""如果我告诉你白糖的质量是上乘的，而实际上它们的质量却是很差的，你会怎么说？"

求职者一分钟也没犹豫，说："我会说它们质量上乘。"

"如果我告诉你咖啡是纯净的，虽然你明明知道里面有大豆，你又会怎么说？"

"我会说咖啡是纯净的。"

"如果我告诉你黄油是新鲜的，而它们实际上却是已经在店里保存了一个月了，你会怎么说？"

"我会说黄油是新鲜的。"

这个老板满意地问道："你要多少钱才会为我干活儿？"

"一个月5000元。"这个求职者以一种生意人的口吻回答道。

这个小老板差点从凳子上掉下来："5000元一个月？"

"而且，两周以后还要按一定的比例增加，"这个求职者冷冷地说道，"因为，你知道，一流的骗子也要有一流的价码。如果你的生意中需要一流的骗子，那么你就得付出一流的工资。若不然的话，我只要每月1500元就可以为你干活儿。"

结果，求职者以每月1500元的工资得到了这份工作。不久，这个求职者由此得到了老板的赏识，放心地把他的这个店交给这个求职者单独打理。

所以，大凡清白的人，命运总会对他特殊照顾，尤其是具有一定官职和地位的人，大多美名留世、多为后人所传扬和赞颂的不是他的丰功伟绩，而是他做人的清白。

明代的海瑞，身居要职也不贪不占，清白做人，时间冲刷了数百年，其人其事依然被人津津乐道，可谓流芳百世。宋代包拯，倡导"廉者民之表也，贪者民之贼也"。其意思是说，清廉的官吏是民众的表率，贪赃的官吏是百姓的

蠹贼。他不但说了，而且言而有信，为人清正忠厚，爱护百姓，深受百姓爱戴，被民众视为清官，称为"包青天"。开国总理周恩来，一生勤恳，洁身自爱，更是家喻户晓，为人称道。他们这些人虽然身已随风而去，而英名却永世长存。这不是因为他们官大，也不是因为他们位尊，历史上比他们官大位尊富贵者多得是，而是在于他们的清白的人格力量才千秋不朽。从历史的公正来看，官也好，民也罢，清白做人大多有好口碑，留有令人称颂的记载。

活在当下要做一个真人，就要把自己的位置调到最阳光的一面，不能欺骗自己和他人。诚信的种子，是种在清白的肥沃土上，用真诚来浇灌，用自己的清白去呵护，你的诚信之花才会开在当下你身边每一个人心里。

诚信赢天下

　　不论在什么时代，无论在哪一个国家，一个缺乏诚信的、人品有问题的人都不可能成为一个真正的成功者。这样的人只能愚弄那些只注意事物外表浮华的人，而根本无法欺骗一些富有智慧和内涵的当下人。因为活在当下的人都有着敏锐的目光，一下子就可以看穿他们虚假的内心世界。当下有多少人信任你，你就拥有成功的机会就会有多大。当下会有人问："信"是什么东西？告诉你，信是一种超越金钱、友情的人格力量。所以，不要忘记，最终决定一个人能否成功的关键还是在于他是否诚实。

一个顾客走进一家菜市场，自称是某大酒店的后勤主管。

他说"在我的账单上把菜的单价写贵一点，斤重写多一点，我回公司报销后，有你一份好处。"但店主看了看他，拒绝了这样的要求。

顾客纠缠说："我的生意不算小，会常来的，你肯定能赚很多钱！"店主告诉他，这事无论如何也不会做。

顾客气急败坏的嚷道："谁都会这么干的，我看你是太傻了。"

店主火了，他要那个顾客马上离开，到别处谈这种生意去。这时顾客露出微笑并满怀敬佩地握住店主的手："我就是那家酒店的老板，我一直在寻找一个固定的、信得过的蔬菜供应商，你还让我到哪里去找这样的人呢？"在以后的合作中，那家酒店的老板给他介绍了很多他的同行，不久这家蔬菜店的老板成了当地有名的蔬菜大王。

所以，一个人能面对诱惑，不为其所惑，让人领略到的是一种诚信的品格，这恰恰是一个人成功的开始。

有很多成功者非常有眼光，他们对那些资本雄厚，但品行不好、不值得人信任的人，决不会和他们合作；他们反

而愿意和那些资本不多，但肯吃苦、能耐劳、小心谨慎、时时注意自己形象的人合作。美国银行信贷部的职员们在每次贷出一笔款子之前，一定会先对申请人的信用状况先研究一番，然后再考虑对方生意是否稳当，能否成功。只有觉得对方实在很可靠，没有问题时，他们才肯贷出款子去。所以，任何人都应该懂得：诚信是自己一生最重要的资本。要知道，不讲诚信，其实是在拿他的人格做典当。所以，罗赛尔·赛奇说："坚守信用是成功的最大关键。"一个人要想赢得人家的信任，一定要立下极大的决心，花费大量的时间，不断努力才能做到。

有人就如何获得信用总结了以下几点：

第一，他必须注意自我修养，善于自我克制，做事必须恳切认真，建立起良好的名誉；他应该随时设法纠正自己的缺点；他的行动要踏实可靠，做到言出必有信，与人交易时必须童叟无欺——这是获得他人信任的最重要的条件。

第二，一个想要获得他人信任的人，必须老老实实做出业绩来让人看，证明他的确是判断敏锐、才学过人、富于实干的人。一个才能平平的人把多年的储蓄都拿来投资到事业上，固然是很好的事情。但如果他在某一方面有所专长，他

给人留下的印象要比没有专长的人好许多倍。因为在这样一个企业和职业都专业化的时代，一个无所专长又样样都懂一点的人物，与那些在某一领域有所专长的人相比，他们的竞争力总是不够的。所以，如果一个人身上有一笔最可靠的资本——在某一领域有所专长，那么无论他走到哪里，他都将受到他人格外的信赖。

第三，一个商人要想成功，他更需要一种最可贵的资本——良好的习惯。有良好习惯的商人远比那些沾染了各种恶习的人容易成功。世界上本来已有不少人快跨入成功的门槛，但是因为有一些不良的习惯，使得他人始终不敢对他心存信任，他的事业因此而受挫于中途，无法再向前发展。那些沾染了各种恶习的人，自己大都是不太清楚自己的缺点，但那些与他交往、产生业务往来的人却看得很清楚，因为他们大多是很看重这些问题的。要获得他人的信任，除了要有正直诚实的品格外，还要有敏捷、正确的做事习惯。即使是一个资本雄厚的人，如果做事优柔寡断，头脑不清，缺乏敏捷的手腕和果断的决策能力，那么他的信用仍然维持不了。还有，一个人一旦失信于人一次，别人下次再也不愿意和他交往或发生贸易往来了。别人愿意去找信用可靠的人，不愿再找他，

因为不守信用可能会在交往的过程中生出许多麻烦来。

两千多年前，孟子也讲过："居天下之广居，立天下之正位，行天下之大道。"米拉波曾说过："如果还没有找到诚实的美德的话，那我们也应该在诚实的品质和名声方面进行投资，以此作为最好的发财致富的门路。"今天的社会，面对着世界激烈竞争的时代，我们要在这当下的竞争中胜出，就必须坚守这条千年传承的道德底线，这条底线就是诚信，因为诚信赢天下。

第四节　懂得感恩

　　身边的人使我们生活有色彩，因此我们要珍惜目前所拥有的，不论是顺境还是逆境，都把它看作是上苍对我们最好的安排，我们在顺境中感恩，在逆境中也依旧心存喜乐。

　　知道感恩是人生的一笔珍贵财富，它会在不经意之中增加你的魅力；感恩是开启智慧之门的钥匙，将使你出类拔萃；感恩使你成为受人欢迎的人，它可以改善人与人之间的关系。时时拥有感恩的心，它将使你的心灵得到净化，使你更为谦虚，更加受人尊敬和爱戴。

感恩的心

　　我们常常会为一个陌生人的滴水之恩感激不尽，却无视朝夕相处的人的种种恩惠；我们常常像享用家庭的温暖一样享用着外界提供给我们的一切，却吝惜于自己的点滴付出。很多人因自己得到的太少，而对当下的一些人和事牢骚满腹，他们因此谈不上对身边的人心怀感激。很多人从来没有这样想过：是眼前的人为你展示了一个广阔的发展空间，是眼前的地方为你提供了施展才华的场所。中国有句俗话叫"一顿饭是恩人，十顿饭是仇人"，人们往往会因为路人的一点施舍而对他铭记于心，却对身边的很多恩德视而不见。

一个人，在面对每一个公司或每一份工作时，对方都无法做到尽善尽美，但每一个人或公司都尽可能为你的工作提供了便利和空间，你将因此而得到许多宝贵的经验和资源，如自我成长的喜悦、失败的教训、拥有共同追求的同事、值得信赖的客户等等。这些都会变成我们个人的财富。如果你每天都怀有一种感激的心情去工作，你就会变得诚敬，在工作中就会因此而更加努力，当然，你的回报也会更多。

你认真地工作了，你也知恩图报，但仍然没有相应的回报，你可能都已经准备辞职了，此时，你还是要心存感激。工作总有不如意的时候，老板肯定也有他无能为力的地方。辞职之前一定要好好回忆自己的从前，看看自己在工作中已经学到的东西和得到的锻炼，至少你要对身边的人说一句"多谢关照"。

斯蒂芬·霍金是当代最伟大的科学巨匠。他揭示了许多关于宇宙的奥妙，他所撰写的《时间简史》在全世界行销5000万册以上，是目前销量最大的科普读物。然而不幸的是，在他21岁时，由于身患卢伽雷病而使他的全身失去知觉，只有一根手指可以活动。他的许多惊世之作，就是凭这根手指扣动键盘写出来的。

有一天，在学术报告结束之际，一位女记者跃上讲坛，面对这位在轮椅里生活了三十余年的科学巨匠，深深景仰之余又不无悲悯地问："霍金先生，卢伽雷病已将你永远固定在轮椅上，你不认为命运让你失去太多了吗？"这个问题显然有些突兀，报告厅内顿时鸦雀无声，满是一片肃静。

霍金的脸庞却依然充满恬静的微笑，他用还能活动的手指，艰难地叩击着键盘，于是，随着合成器发出的标准伦敦音，宽大的投影屏上缓慢而醒目地显示出如下一段文字：

"我的手指还能活动，我的大脑还能思维；我有终生追求的理想，有我爱和爱我的亲人和朋友；对了，我还有一颗感恩的心……"

这时，人们纷纷涌向台前，掌声雷动。簇拥着这位非凡的科学家，向他表示由衷的敬意。人们深受感动的并不是因为他曾经的苦难，而是他面对苦难的坚定、乐观和勇气，更是他那颗热爱生活、热爱生命的感恩的心。

很多人往往往往活得很现实，"东家"费尽心血把他培养成才，对他也相当器重，然而他却不能为他的"东家"一展所学，做出相应的成绩。他们却整天怨天尤人，为了自己

的利益，不停地跳槽。对于这种人，你不能期望他成为你满意的恋人，你不能期望他成为优秀的家长；不能期望他成为忠于职守的员工，也不能期望他成为实力雄厚的老板。他们在生活会大言不惭地说："没人给过我任何东西！"这种人无论是穷人或富人，他们的灵魂一定是贫乏的，他们的心灵总是充满着空虚。

不要忘记你周围的人，包括你的老板或者同事。他们了解你，支持你，你要真诚地感激他们对你的工作的支持与鼓励。而且要记住，一定要经常亲口对他们说"谢谢"，这不仅是对他们给予你支持的感谢，还能使你在这个集体中获得很高的人脉，何乐而不为呢？

比尔·盖茨曾说："是感恩的心改变了我的人生。当我清楚地意识到我没有任何权利要求别人时，我对周围的点滴关怀都心怀强烈的感恩之情。我竭力要回报帮助过我、支持过我的人，我竭力做得更好而让他们快乐。结果，我不仅工作得更加愉快，得到的帮助也更多，工作也更出色。我很快获得了公司加薪升职的机会。赢得了更加广阔的发展空间。"

感恩不花一分钱，却是一项重大的投资，对于自己的未来极有帮助，它不但是人的美德，更是一个人之所以为人的基本条件。时常怀有感恩之心，你会变得更加谦和而高尚。每天提醒自己，为自己能有幸成为一个集体的一员而感恩，为自己拥有一切而感恩。如果你每天能带着一颗感恩的心去工作，相信工作时你的心情一定是积极而愉快的，你也会因此而有所作为。

用行动感恩

你的生活中应该有很多人值得你去感谢：朋友、家人、老师、领导、同事、给你机会的人和无数的其他人。如果你心存感激之情，那么你感受的仅仅是自己心灵的宁静，有感恩之心的人是仁慈的，但感恩的行动会使更多的人来分享你对人世间的慈爱。行动使你的感恩的心得到升华。

NBA总冠军热队，在落后的情况下反败为胜，事后有人问热队的教练为什么会取得这样的奇迹时，热队的教练告诉记者：在我们落后两场时，我告诉我的队员，在每个队员得分后，都要向传球给他的队友示以微笑或点头，以此感谢队

友的鼎力相助。有人又问："要是对方没有望过来该怎么办呢？"教练说："别担心，我已告诉所有队员这么做了。我们每个队员要学会微笑或点头来赞美或肯定对方，我们的胜利才可能会多于失败。如果你传给队友球后，我保证他会向你微笑或点头。因为肯定别人不仅可以让看到微笑或点头的人会感到温馨、幸福，就连他自己也会因称赞别人而心情愉快。这样的感恩行动使我们的每个队员都发挥得很好，从而击败开始领先的小牛队。"

读下面这个故事的人会感慨万千，这个故事的名字叫《一杯热牛奶》。

一个生活贫困的男孩为了积攒学费，挨家挨户地推销产品。他的推销进行得很不顺利，傍晚时他疲惫万分，饥饿难耐，绝望地想放弃一切。在走投无路的时候他敲开一扇门，希望主人能给他一杯水。开门的是一位年轻的女子，她笑着递给他一杯浓浓的热茶。男孩和着眼泪把热茶喝了下去，从此他也对人生重新鼓起了勇气。

许多年后的他成了当地一位著名的企业家。

　　一位病情严重的妇女，她需要一笔昂贵的手术费，因此就在电视上报道了，以此来寻求社会的捐助。无意中这个企业家发现，那位妇女正是多年前在他饥寒交迫时给过他那杯热牛奶的年轻女子！不久，他就把一笔巨款转到了那个妇女所在的医院。大夫顺利地为妇女做完了手术，这笔巨款救了她的命。事后，一直为昂贵的手术费发愁的那位妇女疑惑地问那位企业家——为什么能施与援手？在企业家秘书的口中她明白了——这是一杯热牛奶的施舍。那位昔日的美丽的年轻女子没有看懂那几个字，她早已不再记得那个男孩和那杯热牛奶。

　　不要以为在当下很少有人感恩了，即使有人会感恩，也只是感恩于只有给他们利益的对象。看了这则故事后，丝毫不为所动的人肯定会很少。如果一个人该行动的时候却没有一点感恩的行动，他们的情感世界一定暂时缺少了一点很重要的东西，或者永远失去了一些最宝贵的东西，因为感恩的行动往往会变成流传千古的佳话。在当下就流传着很多古今中外名人用行动感恩的故事。古代的小黄香在寒冷的冬天，先用自己的体温暖了席子，才让父亲睡到温暖的床上；伟人

毛主席，邀请他的老师参加开国大典；朱总司令蹲下身，亲自为妈妈洗脚；还有居里夫人，寄去机票，让她的小学老师欧班老师来参加镭研究所的落成典礼，居里夫人还亲自把老师送上主席台。伟人之所以伟大，名人之所以成为名人，是因为他们都拥有美好的品质——用行动感恩。就是一个有感恩行动的普通人，生活也会赋予他很大的回报。

在一个闹饥荒的年代，一个殷实而且心地善良的面包师，把城里最穷的几十个孩子聚集到一块，然后拿出一个盛有面包的篮子，对他们说："这个篮子里的面包你们一人一个。在上帝带来好光景以前，你们每天都可以来拿一个面包。"瞬间，这些饥饿的孩子一窝蜂涌了上来，他们围着篮子推来挤去大声叫嚷着，谁都想拿到最大的面包。当他们每人都拿到了面包后，他们虽面向这位好心的面包师，竟然连声"谢谢"也不说就走了。

但是其中有一个叫依娃的小女孩却例外，她既没有同大家一起吵闹，也没有与其他人争抢。等其他的孩子都拿到面包以后，她才把剩在篮子里最小的一个面包拿起来。她并没有急于离去，她走向面包师表示了感谢，并亲吻了面包师的

手之后才向家走去。

一连几天都是这样。又有一天，面包师又把盛面包的篮子放到了孩子们的面前，其他孩子依旧一样疯抢着，可依娃只得到一个比头一天还小一半的面包，尽管如此，可她还不忘感谢面包师。

当她带着最小的面包回到家，妈妈切开面包以后，竟然有许多发亮的银币从面包里掉了出来。

当依娃把这一切告诉面包师的时候，面包师面露慈爱地说："我的孩子，是我把银币放进小面包里的，我要奖励你。愿你永远保持现在这样一颗感恩的心和行为。回家去吧，告诉你妈妈这些钱是你的了。"

她激动地跑回了家，告诉了妈妈这个令人兴奋的消息，这是她的感恩行动得到的回报。

活在当下懂得用行动感恩同样是一个做人优良的品质的重要体现。一个人如果连最起码的感恩都不知道，又怎么能够珍惜手头的工作、热爱眼下的生活呢？

记住对方的好

感恩，可能不需要你花费太多的金钱和时间，也不用你花费太多的精力和行动，在每一个人身上寻找可以赞赏的东西，说出你对他的赏识，使对方的长处都能在你面前得到肯定和发扬，这往往就是最好的感恩。

印度有一个古老的小村庄，这个村里保留了一个古老的传统，那就是当有人犯错误或做了对不起别人的事情时，这个村里的人对他不是批评或指责，而是全村人将他团团围住，每个人一定要说出一件这个人做过的好事，或者是他的优点。村子里的每个人都要说，不论男女老少，也不论说的

时间长短，一直到再也找不出他的一点优点或一件好事。犯错的人站在那里，一开始心里忐忑不安，或怀有恐惧、内疚，最后被众人的赞美感动得涕泪交流。众人那真诚的赞美和夸奖，就如一副良药，洗涤掉他的坏念头和坏行为，使犯错的人痛改前非，再也不会犯以前犯过的错误了。

　　或许有人说，不是每个人总会不停地有优点闪现，这样说感恩的话有时不是有点虚假吗？其实你要知道，人人都是有优缺点的，就看你会不会去发现他的优点。比如在我们的工作中，我们的上司也许真正的不如你聪明，也不如你能干，但他始终是你的领导，从团队的利益出发，你也应该服从他的安排，并且还要尽心尽力去发现他身上那些你所不具备的优秀的东西，尊重他、欣赏他、赞美他、向他学习。当你的好话进入别人耳朵的时候，就好像一支火把照亮了别人的生活，使他的生活更加有光彩；同时，这支火把也会照亮你的心田，使你在这种真诚中感到愉快和满足，并激起你对所赞美的人有向往、敬佩之情，引导自己朝这个人的优点方面前进。当你向他说"我最佩服你遇事能够坚决果断，我能像你这样就好了"的时候，也会被你上司的美德吸引，竭力使自己也能坚强果断起来。

此外，好话可以消除人与人之间的怨恨。

有一家医院，院长德勇具有丰富的西式医疗经验。正当他的事业蒸蒸日上时，离他不远的地方又开了一家医院——是以中药为主的。德勇十分不满这位新来的对手，就到处向人指责他的对手卖次药，也毫无配中草药方的经验。对手听了很气愤，想到法院去投诉。后来，一位朋友劝他，不妨试试表示善意的方法。顾客们又向他述说德勇的攻击时，这时他却说："一定是误会了，德勇是本地最好的西医院，他在任何时候都是想着病人。他这种对病人的关心给我们大家树立了榜样。我们这地方正处在发展之中，有足够的空间可供我们做生意，我们应该以德勇院长为榜样。"德勇听到这些话后，立刻找到了自己的对手，并向他道歉，还向他介绍自己的经验。就这样，怨恨消失了。不久，他们的两家医院合并了，中西医结合起来一同为当地服务。感恩，有时就是承认对方的优点，你们越是有冲突，你就越要赞赏对方。这种"赞赏"是建立在真实的基础上的，即使有时名不副实，但它也是讲究方法的。

所以，对别人讲好话时，我们要讲究策略，这样会得到

下面这些更好的效果。

1.准时直接

如果对方是个女人，而她的新帽子很漂亮，你要勇敢地当面称赞她；如果对方是个男人，而他的领带很漂亮，你也应该当面称赞他；如果你在看到友人家有喜事，你也应该立即打电话向他道贺。你可能不费吹灰之力就使对方感到愉快，所以，即使你的称赞不可能收到百分百的效果，也应该毫不迟疑地当面告诉他。

2.隐蔽含蓄

在做事时尽管你成竹在胸，你也还可以问对方："你认为如何？"或是："我该怎么办？"这是属于一种间接的称赞。你或许认为它不能达到与直接称赞相同的效果，但是，如果你能运用得当，它绝对能产生比直接称赞更好的效果。

3.满足对方的心

对于实在不是很了解事情真相的人，你也应该对他说："你一定很了解吧！"也就是说，你能够把他当作知道此事的人，以满足他的虚荣心，让他感到高兴。每一个人都希望被认为是有知识、有教养的人，如果你不忘常用"你真有知识""你真有能力""你真有判断力"等语言去满足他这方

面的需求，你就能很容易地使他对你产生好感。

4.说出对方的优点

比如，男人希望被称为强壮，女人希望被认为漂亮，你只要好好掌握这个原理，并且制造机会称赞他的强壮或是她的漂亮，那么你也可以很容易满足其虚荣心，让其感到无比的高兴。那么对于根本就不强壮，不漂亮的人，我们该怎么办呢？你可以称赞不漂亮的女人"很有智慧""很善良""很善解人意"……同样，你也可以称赞不强壮的男人"很有能力""很有见解""很有个性"……总之，一定有办法找到满足对方虚荣心的赞美词。

5.好事常提

这是满足对方虚荣心的最好的方法。有些男人对于自己事业的成功感到得意，有些女人对自己孩子优良的学业成绩感到得意。聪明的你就应该在他们这些早有的得意处，好好利用机会加以称赞。懂得这些称赞原则并且善加利用，一定会为你的生活带来许多意想不到的好处。不过你应当注意，绝不可以把他和"谄媚""奉承"相混淆。

你要是经常及时地对身边的人说好话，这无形中会加大自己的亲和力，因为你的话表示你是喜爱你周围的人，你

是支持你周围的人，使对方觉得你对他们有那么一份依恋之
情。这样，人们就会不知不觉地在心理上接纳你，你与身边
人的心理距离就会慢慢地被拉近。说出对方的好是一种感恩
的语言，养成随时发现他人的优点并及时给予赞许的习惯。
你会发现，说一句简单的感恩的语言，往往能俘虏一大批人
的心，使他们成为你的朋友。

第二章

提升个人能力

第一节　修炼好口才

　　当下社会是一个充满激烈竞争的社会，有的人在竞争中失败，有的人在竞争中成功，成功者的奥妙何在？这其中可能是因为他资金的雄厚，可能是因为他人气的旺盛，还可能是因为他有超强的能力，无论是哪一种在他的成功中占主导地位，他都不会忽视口才所起的作用，因为在交际中口才运用的好坏，它能决定事情的成败。

别逞口舌之快

　　很多人与办公室里同事每天见面的时间最长，谈话也最多，这可能涉及工作以外的方方面面的事情，但好多人常常因为"讲错话"会给他带来不必要的麻烦。因此，同事与同事间的谈话，如何掌握分寸就成了人际交往中不可忽视的细节。

　　很多人喜欢逞个口舌之快，一定要在口头上胜过别人才肯罢休。假如有人有如此爱好，并且擅长辩论，那么建议他最好不要把这种口才留在办公室里去发挥，因为面对你朝夕相处的同事时，在你口头胜过对方的同时，你更损害了对方的尊严。这样的胜利对任何人来说都是得不偿失的。对方

可能从此记恨在心，说不定有一天他就会用某种方式还以颜色。办公室是弹丸之地，流言蜚语很容易此起彼伏，它的杀伤力也尤为强大。所以，要在办公室里保护好自己，明白职场用语的潜规则实在是当务之急。职场说话的潜规则：

1.不要随意对同事发牢骚

在与他人谈心的时候，不要诉说对公司不满的地方，小心有人会以讹传讹，这样传到上司的耳朵里，你会落得连申辩的机会都没有。

2.做个"含蓄"的人

在眼下，无论你富贵有余，还是穷苦不堪，都不要向别人轻易地显露。而对于私生活，更应该保有隐私权，对同事和上司要只字不提，不要让上司认为你是一个控制不了自己情绪的人；另外，自己的雄心大志要藏好，如果大张旗鼓地告诉全天下人你要坐上某个职位，这无异于向同僚、乃至于你的上司宣战，这样往往会落个"壮志未酬身先死"的下场；上司如果对你发火了，你要维持自身一贯的作风，做到不卑不亢，做到应对有度。要用嘴巴的仅是告诉你的上司，你已经做好听的准备了，请他坦诚地说好了。当然如果是你的错误，还要加上你恳切的道歉来弥补自己的过失。

3.不要成为"耳语"的传播者

适时地闭上你的嘴巴，看起来你会更加有深度。不要不顾别人的想法而肆意倾倒你的垃圾信息，更不要随便对一个不熟悉的人卖弄你的小道消息和私人问题。耳语，就是在别人背后说的话，只要人多的地方，就会有闲言碎语。比如领导喜欢谁、谁最吃得开、谁又有绯闻等等，就像噪音一样，影响人的工作情绪。有时，你可能不小心成为"放话"的人；聪明的人懂得，该说的就勇敢地说，不该说就绝对不说一个字。

4.聊天有个好话题

任何事都是物极必反的，在办公室也不要三缄其口，适当地聊天可以融洽与同时之间的关系，放松自己的情绪，但聊天时找一个好的话题是关键，你先可以观察一下你身边的人，看看他们是否有比较特别的地方，如有异族风情的配饰，或是一款你也非常青睐的手机，谈论这些细节很可能立刻吸引他们的兴趣。最好选择节奏感比较轻松明快的、能引起人开心一笑的，这样容易瞬时拉进你与同事之间的距离。

5.初次见面要会拓展以后的谈话空间

遇到自己感兴趣的人，为了给第二次的见面做好铺垫，

你不妨直呼他的名字，说点无伤大雅的笑话，讲点轻松的小故事，给彼此留下轻松和谐的印象。但要注意的是，交谈中，尽量不要提出一些只能让人回答"是"或"不是"的问题来。这样的谈话缺乏情感的沟通，等于在扼杀你们的谈话，要给人能够展开话题的余地，而且，不要说太随便的话，否则很有可能会冒犯到你新认识的朋友，会因为对你的不了解而使他远离你。

6.上司对下属要多表扬，少批评

如果你是上司，除了用高额薪金和年终红包来奖励员工外，还要善于用职场的语言调动员工的积极性，一个最有效的办法就是用话来表扬下属，表扬常会收到意想不到的结果。心理学家杰斯莱尔说："赞扬就像温暖人们心灵的阳光，我们的成长离不开它。但是绝大多数人都太轻易地对别人吹去寒风似的批评意见，而不情愿给同伴一点阳光般温暖的赞扬。"

可见，称赞他人并非每一个上司都能做好，它同样的有规则和技巧：

1.赞人要快

员工某项工作做得好，老板应及时夸奖，如果拖延数

周，时过境迁，迟到的表扬已失去了原有的味道，再也不会令人兴奋与激动，夸奖就失去了意义。

2.赞人要诚恳

避免空洞、刻板的公式化的夸奖，或不带任何感情的机械性话语，放之员工而皆准的，会令人有言不由衷之感。

3.赞人要具体

表扬他人最好是就事论事，哪件事做得好，什么地方值得赞扬，说得具体，见微知著，才能使受夸奖者高兴，便于引起感情的共鸣。

4.赞人不要又奖又罚

作为上司，一般的夸奖似乎很像工作总结，先表扬，然后是但是、当然一类的转折词，这样的辩证很可能使原有的夸奖失去了作用。应当将表扬、批评分开，不混为一谈，表扬后再寻找合适的机会批评可能效果最佳。

说话因人而异

　　生活中，人是各种各样的，见什么人说什么话是非常必要的，否则你与人的交流就是"对牛弹琴"。

　　"见人说人话，见鬼说鬼话"，通常用来形容一些人说话没立场，总是见风使舵八面玲珑，这种人常常被人谴责为没有道德。可是认真分析下来，"见什么人说什么话"这句话是有道理的，试想，如果见人说鬼话，或者见鬼说人话，这势必造成语言障碍，沟通出现问题。我们从这"鬼话"扩展开来，这"鬼"其实就是指形形色色的人，这"话"包括说话时的语气、方式、风格，还有说话内容。

　　一个人和家里的人说话，会觉得谈话很是自由，也能侃侃而谈，东拉西扯也无须顾忌。可到了单位了，对上司和同事又是两种截然不同的说话方式了，在上司面前你是严肃的，在同事面前你又是自由的；在陌生人前面你说话会多少带点防备，在熟人面前，你不但觉得亲切且话语充满轻松。"见人说人话，见鬼说鬼话"，在这里真正的意思是要一个人看什么人说什么话，这样能使一个人更好地与人沟通。比如，在家里说话时又分为不同成员，在父母面前，与兄弟姐妹又不一样了。在父母面前多少变得拘谨；和哥哥或妹妹说话又少了很多约束，多了很多话题。在爸爸妈妈面前也不可能出现同样情况，可能觉得妈妈更亲，容易谈心，爸爸慈严，沟通起来没那么流畅。在家里都不可能用一种语气和一种方式和不同人说话，更不用说在社会上与更多的人去打交道了，这时候就需要你有"见人说人话，见鬼说鬼话"的本领了。所以，要会摆脱自我，尽快进入新环境里的角色，并能根据周围的环境随时转变自己的角色，见什么人说什么话，看什么人下什么菜碟。

　　"见什么人说什么话"，说话要看对象，是一个常识，也是一个原则，说话有没有效果，就看你对这方面的把握。

正如射箭要看靶子，弹琴要看听众，写文章要看读者群，说话更要看听众，为了顺利达到说话的目的和效果，就不能不考虑因人而异了。

传说孔子所乘的马车压坏了农民的庄稼，他们的马被农民扣下，孔子的弟子去理论若干次也不能讨回，就算是赔了钱，农人也不把马还给他。最后孔子让马夫去找那农夫说说。那马夫只对农夫说到："你不是在南海耕种，我不是在北海行走……"农夫听了，一文钱也没要就把马还给了马夫。那几句话的意思就是：舌头哪有不碰牙的……就这么简单的几句话，就收到了最佳的效果。孔子的弟子去理论，之乎者也的，农人肯定听不懂，也听不进去。所以，当什么人说什么话真的太重要了。一般说来，"看什么人说什么话"要考虑以下几个方面：

1.性别差异

对男性采取直接较有力的语言，对女性则采取温柔委婉的态度。

2.年龄差异

对于年轻人应采用煽动性强的语言，对中年人应讲明利害关系让其自己斟酌，对老年人要用商量的口吻以示尊重。

3.文化差异

学识渊博的高雅之士，你不妨引经据典，使谈话富有哲理色彩，但言辞应表现出含蓄和文雅。

总之，与不同的对象谈话，就要采用不同的谈话方式；不同的语言环境也要有不同的说话方式。

有个叫阿七的财主很不会说话，因为这个毛病，他得罪了不少人。一天，阿七的孩子过周岁，他特意邀请了张财主、李财主、王财主和赵财主到家中欢聚。

快到吃饭时，阿七见赵财主还没来，懊恼地说："该来的还不来。"张财主听了这话拍拍屁股起身就走了。阿七见张财主不声不响地走了，也不知道是生他的气，就着急地说："哎呀，不该走的又走了。"李财主一听，也气呼呼地不辞而别了。阿七觉得莫名其妙，摊摊手对王财主说："你看，我又不是说他们的。"王财主听了这句话，再也坐不住了，板着脸离开了阿七的寓所。

对于不同地域的人说话也要有所区别，因为一方水土养一方人，一方人有一方人独特的性情特点。对于北方人可采用粗犷直率的态度，而对于南方人则要细腻些。与不同职

业的人交往，要针对对方职业特点，运用与对方掌握的专业知识关联较紧密的语言，增强对方对你的信任度。对文化程度较低的人采用的语言要简洁，多使用一些具体的例子和数据，对于文化程度较高的人，则要尽可能表达出专业性。

此外，性格差异是不分年纪和职业的，所以要特别注意，若对方性情豪放、粗犷，则他喜欢听耿直、爽快的话，那么你就应忠诚、坦白，知无不言，对美丑、善恶的爱憎要强烈分明。办事严谨、诚实、老练的人，最喜欢听稳重的话，这时，你说话要注意态度，既不能高谈阔论，也不可巧舌如簧，而应朴实无华，话语简单但言必中的，给人以老实敦厚的印象。

人与人的心理特点，脾气秉性、语言习惯各不相同，也决定了他们对语言信息的要求是不同的。所以，不能用统一的说话方式来交流，见什么人说什么话，因人而异地开口是你每天待人接物要遵守的。

忠言也不逆耳

好话，总会令人兴奋，更能使人精神振奋；会说好话的人可以带给他人愉悦和欢畅，帮助他人增加知识和修养，激发人的创造力。尤其是忠告，它对于帮助他人和建立与他人真诚的人际关系，起着难以替代的重要作用。

不能给予他人忠告的人不是真诚的人，这种人不会将自己的真实感受告诉对方。也就是说，不忠于别人的人不会给予他人忠告的，他也同样得不到被人的忠告。因此，我们要获得人气，就应该要多给人以忠告。但一般人都讨厌忠告，究其原因，就在于一般人容易受感情支配，易受情绪的影响，难以听进忠言，难有理性的认识。逆耳的忠言有时会伤了和气，使好心面对的却是一副冷漠的面孔，彼此的友谊变成了永远的仇恨。因此，要赢得人气，忠告就不要逆耳，最好能做到"良药不苦口，忠言不逆耳"。但忠告如何听起来顺耳呢？

人总是在一定的时间、一定的地点、一定的条件下生活的，在不同的场合，面对着不同人和不同的事，从不同的目的出发，就应该说不同的话，用不同的方式劝说，这样才能收到理想的劝诫效果。

李老师是新上任的一个班主任，这个班是全校最差的班级，所有的"刺儿头"学生几乎都集中在这个班，不少老师由于得不到学生的认可，使得在班级管理上败下阵来。李老师经过一段时间的观察，发现许多学生经常迟到。一天，李老师早早地来到学校，为他班里的每个学生都买了份早餐。

等学生都到齐了，他把早餐拿出来对大家说："各位，我知道你们学习很辛苦，由于时间的关系，来不及吃早餐，我特意为大家买了早点，希望大家每天都记住吃'早点'。"

一开始所有学生都不知李老师葫芦里卖什么药，后来才

明白李老师的良苦用心，原来李老师借"早点"来提醒大家
到校早点，以后别再迟到了。

从此以后，学生中很少有迟到的现象了，李老师也赢得
了很多"刺儿头"孩子的好感。

在这里，李老师巧妙地运用谐音词，说服学生以后别
再迟到，不仅幽默风趣，而且委婉含蓄，更是体现出很浓的
"人情味"，这种说服技巧不能不让人佩服。如果李老师用
班主任的权力要求大家的话，效果也可能很难得到，少年们
的逆反心理还会使李老师失去人气。他知道，一个在学生中
得不到人气的老师，学生是不会听他话的。

所以，有为别人着想的良好愿望还不行，忠告也需要技
巧，否则就会收到反效果。忠告是为了对方，为对方好是根
本出发点。因此，要让对方明白你的一番好意，就必须谨慎
行事，不可疏忽大意随便草率。此外，讲话时态度一定要诚
恳，用语不能激烈，否则对方就会产生你教训他、你假惺惺
的反感情绪。

值得注意的是，当对方尽了最大努力而事情最终没有
办好时，此时最好不要向他们提出忠告。如果你这时不适时

宜地说"如果不那样就不至这么糟了"之类的话，即使你指出了问题的要害且很在理，而部下心里却会顿生反感，效果当然就不会好了。相反，如果此时你能说几句"辛苦你了""你已做了最大的努力""这事的确比较难办"的安慰话，然后再与部下一起分析失败的原因，最终部下是会欣然接受你的忠告的。

除此之外，在什么场合提出忠告也很重要。原则上讲，有时提出忠告时最好以一对一，要避开耳目，千万不要当着他人的面向对方提出忠告。因为这样做，对方就会受自尊心驱使而产生抵触情绪，从而不会得到忠告的效果。

再者，不要以事与事、人与人比较的方式提出忠告。因为此时的比较，往往是拿别人的长比对方的短处，这样很容易伤害对方的自尊心。一些事情虽有不愉快或糟糕的一面，但也有好的一面，忠告也一样只要调整自己说话的角度，你的忠言就不会逆耳。

还有，给他人劝谏的话最难说，尤其是对师长，因为一不小心很可能"捋虎须、批逆鳞"。虽然坚定立场来据理力争是一招，但也要遇到有肚量的人才能相得益彰。如何将劝谏的话说得动听，又能表明心迹，最好的办法就是旁敲侧

击，这样就会做到忠言不逆耳。

　　"忠言不逆耳"的能力确实是我们提高素质开发潜能的途径，是我们驾驭生活、改善人生、追求事业成功的无价之宝。忠告是一门艺术，是表达思想感情的一种巧妙的形式。懂得语言艺术的人，是懂得相处之道的人。那些善于用口语准确、贴切、生动地表达忠告的人，办事往往圆满。他们无论在职场上，还是在朋友身边，都可以轻而易举地跨过与别人之间的鸿沟。但愿"刀子嘴豆腐心"的朋友都能找到对人"良药如何不苦口、忠言如何不逆耳"的规劝语言，能通过不逆耳的语言，让你周围的人感觉到你的支持、信任、肯定和欣赏，由此依附在你的周围。

练出好口才

　　一个善于说话的人，首先必定具有敏锐的观察力，能深刻认识事物，只有这样，说出话来才能一针见血，准确地反映事物的本质；其次，还必须有严密的思维能力，懂得怎样分析、判断和推理，这样说出话来才能滴水不漏，有条有理；最后，还必须有流畅的表达能力。间接来说，知识渊博，话才能说得生动通顺，这是有口才的特征。但这些好口才的一切特征，不是一个人与生俱来的，它也是人练出来的。

　　被称为"历史性的雄辩家"的狄里斯，一开始他是一个"不会说话的人"。据说，他天生嗓音低沉，口齿也不是很清楚，并且呼吸短促，在他旁边的人往往听不清他在说什

么。当时，在狄里斯的故乡雅典，政治纠纷十分严重，因此有演讲能力的人十分被人尊崇。当时的狄里斯知识渊博、他十分善长分析事理，并且能对未来有很准确的预见，但是，由于他缺乏说话的技巧，这就很难在政治上一展身手。他知道，自己要是没有很好的语言能力，就一定会被社会淘汰。

于是，他决定加强自己的口才练习。他做了一番思考后，准备好了一份精彩的演讲稿，他鼓足了勇气走上演讲台。可是，由于他嗓音低沉，口齿也不是很清楚，并且呼吸短促，以至于没有人能听见他在说些什么，他遭遇了惨重的失败。但是，狄里斯并没有灰心，他努力地练习自己的说话能力。他常对着海上的浪花，对着山上的岩石放声大喊；回到家，他又对着镜子练习口形。就这样，狄里斯坚持了好几年，终于功夫不负有心人，当他再度登上演讲台时，在众人热烈的掌声中一举成名。

没有人天生就有一个能说善道的好口才，即使是演说的名家，他说话的才能也是靠日积月累才练成的。

美国前总统林肯也苦练过口才，他常徒步30多英里去听律师们的辩护，看他们如何论辩、如何做手势，他常常是一边

倾听一边模仿。他观察那些福音传教士们手舞足蹈、声震长空的布道，回家后也学他们的样子，以此来练习自己的口才。少年时曾患有口吃病的日本前首相田中角荣，为了克服口吃而有一个好口才，他常常为了准确发音，对着镜子纠正自己的发音部位，一站就是好几个小时。我国早期无产阶级革命家、演讲家萧楚女，在国立第二女子师范教书时，他每天天刚亮就跑到学校后面的山上，把一面镜子挂在树枝上，对着镜子开始练演讲，从镜子中观察自己的表情和动作，经过这样的刻苦训练，他掌握了高超的演讲艺术。在毛泽东主办的广州农民运动讲习所里，他的演讲备受推崇。由此可见，只有刻苦勤奋、坚持不懈地努力练习，才能获得令人瞩目的成绩。但是，练口才不仅要刻苦，还要掌握一定的方法：

1.速读法

这里的"读"指的是朗读，是用嘴去读，而不是用眼去看，顾名思义，"速读"也就是快速的朗读。这种训练方法的目的，是在于锻炼人口齿伶俐，语音准确，吐字清晰。

2.背诵法

背诵法，不同于前面的速读法。速读法的着眼点在"快"上，而背诵法的着眼点在"准"字上。也就是你背的

演讲辞或文章一定要准确，不能有遗漏或错误的地方，而且在吐字、发音上也一定要准确无误。

3.练声法

练声也就是练声音，练嗓子。在生活中，我们都喜欢听那些饱满圆润、悦耳动听的声音，而不愿听干瘪无力、沙哑干涩的声音。所以锻炼出一副好嗓子，练就一腔悦耳动听的声音，也是好口才重要的一部分。

4.述法

复述法简单地说，就是把别人的话重复地叙述一遍。开始练习时，最好选择句子较短、内容活泼的材料进行，这样便于你把握、记忆、复述。随着训练的深入，你可以逐渐选一些句子较长、情节少的材料进行练习。这样由易到难，循序渐进，效果会更好。

科学练习口才的方法可以使你事半功倍，加速你口才的形成。当然，根据每个人的学识、环境、年龄等的不同，练口才的方法也会有所差异，但只要选择最适合自己的方法，加上持之以恒的刻苦训练，那么你就会有一个好口才。人才也许不是口才家，但有口才的人必定是人才，口才是现代智能型人才的基本素质。

第二节　不同方式看问题

　　活在当下，就要会用眼力剥去事物的外衣，看清事情的本质。眼力，就是要你有观察这个世界的能力，它包括你看问题的远度、深度和看世界的方式。你用什么样的方式看世界，世界就会以什么方式回报你的观看。你的眼力有多强，你的潜在能力也就会有多大，你成功的几率就会有多高，因为眼力能破译成功的密码。

多长个心眼

　　日本企业家松下幸之助在谈及人生时，用了一个盲人走路的比喻，他说："盲人的眼睛虽然看不见，却很少受伤，反倒是眼睛好的人，动不动就跌跤或撞倒东西。这都是自恃眼睛看得见，而疏忽大意所致。盲人走路都非常小心，一步步摸索着前进，脚步稳重，精神贯注，像这么稳重的走路方式，明眼人是做不到的。"

　　眼睛在很多时候是欺骗了我们，从这个角度说，盲者倒是有一份幸运，因为他眼睛看不见了，他们会用心眼去打量这个世界，并且"看"得更为真切。所以，看待事物不仅

要用眼，更重要的还要用心。仅用眼睛去观察世界，多半是不全的；而用心则能领悟到世界真实面孔。所以说人宁可眼盲，不可心盲。

一个眼睛失明的老者擅长弹琴击鼓，由于有这个技艺，老者活的倒也衣食无忧。一次，有一个落魄的书生过来问他："你有多大年纪了？"

老人说："85岁了。"

"你什么时候失明的？"

"3岁的时候。"

"那么你失明已经有82年了，整日里昏天黑地，不知道日月山川和人间社会的形态，不知道容貌的美丑和风景的秀丽，为何还过的这样的好呢？"

那失明的老者笑着说："你只知道盲人是盲的，而不知道不盲的人也实际上大都是盲的。我虽然眼睛看不见，但四肢和身体却是自由自在的。听声音我便知道是谁，听言谈便知道谁是谁非；我能估计道路的状况来调节步速的快慢，很少有跌倒的危险。我全身心地投入到自己所擅长的事情中去，没有浪费精力去应付那些无聊的事情。久而久之，这样

也就习惯了，我不再为眼睛看不见东西而感到痛苦。"

听完老者的一番话书生似有所悟，对老者的崇敬之情也油然而生。

这个故事揭示了这样一种生活哲理：生理上的"盲"固然可叹，而心理上的"盲"更为可悲。眼睛失明是一大缺陷，但如果扬长避短，全神贯注于所擅长的事业中去，领悟到深刻的人生道理，也能做出很大的成绩来。而如果昏昏然过日子，甚至胡作非为、倒行逆施，即使双目明亮、四肢发达，也是一种不明事理不通人性的"睁眼兽"。不要空有一双明亮的眼睛，一看见丑恶的东西十分热衷，对贤明与愚笨不会分清，邪与正不能分辨，治与乱也不知原因，机会放在眼前却成天胡思乱想，始终不能领会生活的要意。甚至有人倒行逆施，胡作非为，跌倒之后还不清醒，最后掉进了失败的罗网。这些人难道没有眼睛吗？不是的，他们是睁着眼的盲人，他们实际上比生理上的盲人更加可悲可叹。

在一列行使的火车上，一个人发现他隔壁座位的老先生是位盲人。

因为他的老师也是位盲人，因此他和盲人有了一份亲切感，所以谈起话就觉得很投机，当时正值美国种族暴乱的时

期，他们因此就谈到了种族偏见的问题。

　　老先生告诉他，他在美国是一个南方人，他原先是一个种族主义者，从小就认为黑人低人一等，他家有一个用人是黑人，但他从未和她一起吃过饭，也从未和黑人一起上过学。他说有时碰到黑人店员，付钱的时候，他总将钱放在柜台上，让黑人去拿，不肯和黑人的手有任何接触。后来，他到了北方念书，有次他被班上同学指定组织办一次野餐聚会，他居然在请帖上注明"我们保留拒绝任何人的权利"。很显然，这句话在当时就是"我们不欢迎黑人"的意思，当时全班哗然，他还因此被系主任抓去批评了一顿。

　　他笑着问老先生："那你当然不会和黑人结婚了。"

　　老先生大笑起来："我不和他们来往，如何会和黑人结婚？说实话，我当时认为任何白人和黑人结婚，都会使父母蒙辱。"老先生接着告诉他，他在波士顿念研究生的时候发生了车祸。眼睛完全失明，什么也看不见了。他进入一家盲人重建院，在那里学习如何用点字技巧，如何靠手杖走路等等。慢慢地他终于能够独立生活了。

老先生说："我最苦恼的是，我弄不清楚对方是不是黑人。我向我的心理辅导员谈这个问题，他也尽量开导我，我非常信赖他，什么都告诉他，将他看成良师益友。

有一天，那位辅导员告诉我，他本人就是黑人。从此以后，我的偏见就完全消失了。我看不出对方是白人，还是黑人，对我来讲，我只知道他是好人，不是坏人，至于肤色，对我已毫无意义了。"

车快到站了，老先生说："我失去了视力，也失去了偏见，是一件多么幸福的事。"

在月台上，老先生的太太已在等他，两人亲切地拥抱。他猛然发现老先生的太太竟是一位满头银发的黑人。看着那个黑人太太对那个先生的关切的样子，这时他突然明白一个道理：视力良好，但偏见还在，心盲是多么不幸的事，但用眼盲换来心的明亮又是多么的值。

所以，中国有句俗语叫"不打勤的，不打懒的，专门打那不长眼的。"这"长眼"，就是长"心眼"。不管你从事什么职业，扮演什么角色，寥寥数字，就把不同的人给分开了：勤劳的，懒惰的，还有不长眼的。道理就这么简单，但

"知易行难"。活在当下，不管你是勤的，还是懒的，一定不要做那个不长眼的，一定要长些心眼，因为活在当下，眼可盲，心不可盲。

举一反三

　　"举一反三"出自《论语》，有一天，孔子对他的学生说："举一隅，不以三隅反，则不复也。"意思是说，我举出一个墙角，你们应该要能灵活的推想到另外三个墙角，如果不能的话，我也不会再教你们了。后来，大家就把孔子说的这段话概括成"举一反三"这句成语，意思是说，学会一件东西后，就可以灵活地在其他相类似的东西上运用。

　　一个有眼光的人掌握了某一事物的规律或知识，就能够以此类推，了解并掌握其他同类的事物。清代人也有："使吾辈举事，能事事如此，便是圣贤一路上人，要当触类旁通

耳"一说。所谓触类旁通，是指掌握了关于某一事物的知识而推知同类或相类似中的其它事物，因此，可以这样说，能够触类旁通的人一定会举一反三。只有真正掌握了别人教给自己的东西，才算是真的学会了知识技能，否则别人的东西永远是别人的。有一个故事说的就是这个道理。

在一座山上有两个道观，他们各是不同的派别。每天早上，两个道观分别派一个小道士到山下的市场买一些用的东西。他们两个出门时总能碰面，于是两个人经常暗地里比试彼此的灵性。

有一天，一个小道士问另一个："你到哪里去？"

"师父叫我去哪里我就去哪里。"另一个回答。

问话的小道士不知如何应答。他回到道观向师父请教，师父对他说："你问他'师父没说，你到哪里去？'这样就可以击败他了。"小道士听完点头称是。

第二天早上，他又遇到另外一个小道士，满怀信心地问："你到哪里去？"

没想到这个小道士这次回答道："想到哪里去我就往哪里去。"

提问的小道士一时语塞，又败下阵来。

小道士回到道观，师父听了哭笑不得地说："那你可以反问他'如果你没有想，你到哪里去'嘛！"小道士听了以后，暗下决心，明天一定能够胜利。

第三天，遇到那个小道士又问道："你到哪里去？"

"我到市场去。"另一个答道。

这个小道士又无言以对。他的师父再次听了小道士的遭遇之后，只能无奈地感叹道："举一反三地'悟'才是真的'悟'啊。"

从两个或两类对象具有某些相似或相同的属性的事实出发，推出其中一个对象可能具有另一个或另一类对象已经具有的其它属性的思维方法，是一个人有眼光的外展，在解决问题时具有很大的指引作用。

哈格里沃斯因为看到了碰倒的纺车，经过思考，发明了"珍妮纺纱机"。同样的，在奥地利有一位名叫奥恩布鲁格的执业医生。有一次，他不能判断病人的胸腔是否积满了脓水。后来，他看见经营酒业的父亲用手指关节敲叩盛酒的木桶，根据不同的声音估计桶中酒的藏量。从而发明了"叩诊"这一医疗方法。施温发现动物细胞中的细胞核，牛顿发现万有引力，瓦特发明和改造了蒸汽机，都离不开触类旁通的思考。举一反三，触类旁通，一直是人类进行创造性思维的重要途径和方式，它给你的想象力和创造力一个更大的空间，从而达到事半功倍的效果。

方太集团创始人茅理群在刚创业的时候，他发明了一种电子打火枪是一种很好的产品，但苦于没有销路。后来，他决定参加广交会，希望借这个平台来打开销路。然而，在那么大的一个展销会上，怎么才能够引起买家的注意呢？突然间，他迸发出一股灵气，他想起了中国茅台酒打入国际市场的故事：

在巴拿马国际博览会上，茅台酒无人问津。最后一天，销售员干脆将茅台酒往大厅里一摔，顿时酒香扑鼻，吸引了众多客商和评委，并重新评选，将茅台酒评为国际金奖。

这个故事启发了他的思路：他左手拿一支喷火枪，右手拿一支脉冲枪，"啦啦啦，啪啪啪"地示范起来，幽默的举止与产品的示范，立即吸引了众多客商，电子打火枪由此一炮叫响。茅理群的成功突破，就在于他在关键时刻能够举一

反三，是运用类比的方法得到的结果。

天文学家开普勒说："类比是我最可靠的老师。"哲学家康德说："每当理性缺乏可靠的论证思路时，类比这个方法往往指引我们前进。"类比的作用受到了越来越多的重视，要对新事物有更深的认识或创造新事物，首先得有对"相似性"敏感的直觉；当要创造某一事物而又思路枯竭的时候，就可通过类比直接寻找创造对象的对应物，这样便可以激发自己的灵感，在不经意间给你带来惊喜。

一个人要这样活着有激情，在每天遇到的一些事情中就要懂得举一反三，以此聚得一点眼光。一个人要发明创造，寻求创意，也要善于举一反三，让绝妙的构思如泉喷涌。举一反三就是一个人眼光的外展，一个有眼光的人思考模式就像细胞分裂似的由此及彼，不断创造一个又一个新鲜的东西。

眼光放远一点

　　有长远的眼光，你就会预计未来，你就会有合理的计划，活在当下，练一点眼力的长远劲，你的事业就会做大做强。有战略眼光以及从战略角度去思考问题是对一个在现代职场打拼者的基本要求。是领导的，无论该他处于企业的哪一个层级，要他承担着某些决策权；是普通人，为成功他也要承担着对自己前途的规划的责任。活在当下，我们需要具备这样的能力。

　　浙江有一个生产打火机老板，开始时，他用妻子5000元的下岗安置费办起了家庭打火机生产作坊，而今天，他已成为打火机行业的佼佼者。在几年前，他领导打火机行业还胜

诉了中国入世反倾销第一案。

原来世界上最大的生产打火机的基地在日本，由于前几年我国生产的打火机发展的速度比较快，那么生产出来的产品对日本已经构成了威胁，所以日本从1995年开始，很多的生产企业慢慢就会没生意，有些转行，有些关闭，有些是几十年的品牌到中国来定牌生产，所以当时的定牌生产形成了一个高潮。

因为定牌生产合算，一是卖给日本的价格高；二是自己不用研发，它叫你生产什么款式就什么款式；三是不需要销售的渠道，也不需要费用。所以当时定牌生产很受到一些企业的欢迎。因为他那时候企业已经发展得比较好，所以日本人到他这里来贴牌生产比较多，那么很多日本人提出来要他包销，但这位老板当时却提出来不能包销。他当时提出来他自己的策略，30%、40%给老外定牌，70%要打自己的品牌。所以当时很多人想不通，说这个人的脑袋有毛病，这么好、赚钱又省力的事情不做。当时因为这位老板的事业还在起步阶段，还没有创出一个自己的品牌来，他的产品在市场上的

价格没有日本人过来定牌这么高，而且他还要派出很多人到处去推销自己的产品，还要自己研发产品，那么这个费用很大，所以别人想不通。但这个老板却对业内人士说："到时候你们会想得通的！"

果然，日本从1997年开始，慢慢定牌生产的打火机就越来越少了，2000年以后就基本没有了，因为很多其他国家的人都慢慢地知道，很多定牌生产的东西都是我们中国生产的，他都绕开日本，直接跑到中国来订货。也有很多的企业原来是100%的定牌生产，这时才开始想到怎么样去创自己的品牌，距离就拉开了。

在2005年，这个老板所创的名牌打火机被评为中国打火机十大名牌，并被商务部确定为重点培育和发展的出口名牌，其实早在这些肯定和荣誉之前，这个老板就把打造世界品牌作为自己的梦想。从1995年至今，他已经花掉不菲的费用在80多个国家和地区注册了商标，其中包括他五年时间内都不会进入的小国家。这位老板常说"打造品牌眼光要看远一点，要舍得"，他这话后来被很多生产企业主用来当作自

己创业的座右铭。

所以，有长远的眼光就是有一种正确的判断，它是一个人在处理一件事情时，在意识上、情感上，或是在现实与理想间的一种选择。所谓"有长远的眼光"，就是凭着自己的直觉、经验而做出超前的判断或选择。一个人，无论他的财富有多么多、地位权势有多么大，他都最先的起点都是得益于自己有着长远的眼光。

在耶鲁大学里常常会做一些社会学的调查，在一项跟踪调查的结果中发现，在他们的学生中，有10%的人明确表示自己奋斗的方向，有4%的学生把自己的目标定的很远，甚至他们的想法在当时叫人摸不着头脑。但在20年后，当研究人员在世界各地追访当年参与调查的学生们的时候发现，当年叫人摸不着头脑定自己人生目标的人，无论从事业发展还是生活水平上说，都远远超过了他们的同龄人。不说别的，这些人所拥有的财富超过了余下96%的人的总和。那96%的因为没有长远的人生目标，他们一生都在忙忙碌碌，一生都在直接间接地、自觉不自觉地帮助那4%有眼光的人。

这些人之所以有明确的目标，那是因为他们有长远的眼光。对自己人生的去向有一种洞察力。因此，人活在当下，

第一要紧的事情就要有长远的眼光。有长远的眼光，工作就会充满机会，生命就会丰富多彩。

从小失明的美国女作家海伦·凯勒，她问一位刚散步回来的朋友："你在树林里看见了什么？"朋友回答说："没有什么特别的。""这怎么可能呢？"失明的海伦不相信，最后她凭着触摸，在树林中发现数之不尽的有趣事物：她能感到树叶柔嫩而对称，体会白桦树干的光滑、松树树皮的粗糙；顺着树枝摸过去，可以找到春天的新芽，体味大自然从冬眠中醒来的征象。盲人海伦·凯勒就是凭着她的眼光，确立了长久的人生目的，最后成为功成名就的作家。

有长远的眼光，就不难发现自己可能具有的战略眼光、组织眼光、经济眼光和商业眼光等，并相应确定应该为之努力的目的和目标，这样才有希望成为一个事业的成功者。

在富豪菲勒的墓碑上写着这样一句话："我们身边并不缺少财富，而是缺少发现财富的眼光。"由此可以看出，有长远的眼光，对我们来说又是多么的重要。我们不要被一时的蝇头小利而迷惑，也不要被一时的困难而吓倒，一个人看得有多远，他的事业走得就有多远。

第三节　多门手艺多条路

　　"条条大道通罗马。"成功的路各有不同，问题就在于自己要有一定的"活法"——学会一种或几种为社会所需的"手艺"。中国有句古老的民谚，叫"艺多不压身"，意即手艺人有一技之长，社会存活能力强。在当今，行业种类繁多，冷热变化又快，所以是多门手艺多条路。但学手艺，业精于勤是千古不变的道理。

艺多不压身

在一个漆黑的晚上，老兔子首领带领着一群小兔子出外觅食。

正当一大群兔子在菜地将饱餐一顿之际，突然传来了一阵令它们魂飞魄散的声音，那就是一只狼的叫声。它们震惊之余，各自四处逃命，但狼绝不留情，仍然穷追不舍，终于有一只小兔子走避不及，被狼捉到，正要将它吞噬之际，突然传来一连串凶恶的狗吠声，令恶狼手足无措，狼狈逃命。

狼走后，兔子首领不慌不忙地从土丘后面走出来说："我早就对你们说过，多学一种语言有利无害，这次我就因

此才救了你一命。"

　　这个故事在我们大笑的同时给了我们更多的思考。以前是一张文凭闯天下，现在则是几种技能的竞争。因为学历文凭只说明你掌握知识的程度，而技能才是你从事工作的实力和经验，尤其是多技能的人才，更受人欢迎。因此，现在许多人都在充电，储备了本职工作之外的多种技能，以拓宽就业的门路和应付失业的冲击。

　　能增长一个人才气的就是多学一门技艺，一个才气横溢的人他不一定是一个多才多艺的人，但多才多艺的人一定是一个才气横溢的人。为了适应每天的激烈竞争，至少使自己不受到失业的冲击，每天我们都要提醒自己，应该尽快多掌握几门有竞争力的技能。毕竟古语说得好——艺多不压身。

　　翻开中国富人的历史，我们发现，许多人在发家之初，往往精通某一门手艺或掌握一门绝技。而正是这技艺为他们淘得第一桶金，并借此滚动增大财富。但随着时间的推移，他们很难经得起市场和时代的进步对他们的敲打。刘永行、刘永好兄弟是养鹌鹑的行家里手，张果喜的木雕手艺远近闻名，在他们精于自己专业的同时也不懈于其他相关行业的知识的积累，他们的才气在"全才"的历练中充实，在自己专

业上显现。

　　不同专业的知识用处不同，一个人应该精通自身专业，做好本职工作。但同一个系统，不同岗位的业务联系是紧密的，互补性强。实际上，生活中岗位之间的转换调整，也是经常发生的正常现象。当人从这一岗位调到别的岗位工作时，总有一个重新学习和熟悉的过程。也许，原来熟练掌握的东西要搁置起来，而过去业余学会的知识技能却派上了用场。所以，有时间，年轻人多学习点知识，多掌握一门技能总是有益的。

　　才气需要知识，这是没有疑义的。但才气更需要有技能，则是许多人不甚明了的。相反，在许多人的心目中，技能是简单的体力劳动，最多是实际工作的技术与能力，比如木工、瓦工以及各种机械的操作人员等等。他们认为这只是劳动者的一种生存手段，是没有什么才气而言的。

　　一个在公路部门工作近十年的青年，平日不苟言笑，但他爱学习、肯动脑，在道班养路队从事公路养护、生产劳动之余，他不断地刻苦自学一些桥梁建造的专业知识，一门心思钻研技术。他不仅取得了交通大学大专毕业文凭，还在业余时间学习掌握了公路勘测、设计、绘图、养路机械器具的

操作使用维修等多种知识和技能，一些进口的仪器摆弄起来也得心应手。有些人却说这个职工不专心工作，"样样通，样样松"，这山望到那山高。对于这些非议，很多人不会赞同的。因为不久，这个青年在一次公路施工中，他与工人一道，解决了许多连研究院的工程师都无法解决的难题，一下子从工人成了工程师。

我们每天面对的是高手如林、竞争激烈的现实，要时时地告戒自己：社会在改变，你必须摒弃旧观念，相信自己，充实自己，拓展自己。只要自己拥有过硬的本领，自己才会有更好的发展空间。

有一位大学生，大学毕业于20世纪80年代中期，是学化工的，也非常喜爱日语，虽然那时日语并不十分吃香。他始终坚信，多学点东西并无坏处，艺多不压身。

他大学毕业后，被分配到一家大型国有企业工作。那几年，他一直坚持用日文给懂日语的朋友写信，他要求朋友也用日文给他回信。

春节老家团聚时，你总能看到他手里捧着一本厚厚的日文原著在阅读。走亲访友的人们一边晒着太阳，一边天南地

北地侃着，可他却依然沉浸在神秘厚重的语言世界里。

　　不久，改革的劲风吹遍大地。一天，他们厂与日商谈一个项目时，急需一名既懂专业又懂日语的人，他便毛遂自荐。他既当翻译，又做笔录。每一场谈判结束时，笔录也一字不差地同步呈现在谈判者面前，日本人很惊讶。从此，厂领导对他刮目相看。一个普通员工因此终于浮出水面。随着与国外交往的日益频繁，不久，他被任命为外贸科长。由于业务的需要，他独自出访过很多国家，他不但出色地完成了各项任务，而且也因专业知识的渊博赢得了外国友人的高度赞扬。几年后，他顺利地升任为处长。现在，他已是一家大公司的老总。

　　这个故事印证了"艺多不压身"的古话。一个人掌握的知识技能越广泛，他在接受新东西时就越能触类旁通，他的才气就越能显现。许多事实说明，多才多艺，一专多能的人，即使改了行，学起新的专业来也比一般人快得多，所谓"秀才行医，转手就是"便是这个道理。相反，每天满足于知识浅薄且又无所用心的人，即使终生精于一种职业，也看不出他有多大才气，更难以干出太大的名堂来。

业精于勤

　　"要想人前显贵，就得背后受罪""三分靠教，七分靠练""拳不离手，曲不离口"，中国的这些俗语告诫人们：所有技艺的精湛都是靠下苦功夫得来的。在现代社会，你要有终身学习的精神，才不会被社会淘汰。人的功成名就都是自己勤奋得到的，投机取巧的人不会有大的作为。

　　斯蒂芬·金的经历是十分坎坷的，在他最困难的时候，穷困的连电话费都交不起，更常有买不起面包而饿肚子的时候。后来，他却成了世界上著名的恐怖小说大师，整天他的稿约不断。他常常是一部小说还在他的大脑之中储存着，出

版社就高额的预订金就抢先支付给了他，他成了炙手可热的大作家。如今，他算是世界级的大富翁了。可是，还有不被人所知的是，在他的每一天中，他仍然是在勤奋的创作之中度过的，他成为国际上著名的恐怖小说大师。

斯蒂芬·金成功的秘诀，其实没有什么特别的地方，他只有两个字——勤奋。除了勤奋还是勤奋。据说在一年之中，他只有三天的时间是不动笔的。换句话就是说，在一年的时间里他只有三天的休息时间。这三天是：生日、圣诞节和美国的独立日。勤奋给人带来的好处是使人有永不枯竭的灵感。斯蒂芬·金的创作可能就来源于此。我国的学术大家季羡林老先生也曾经说过："勤奋出灵感。"功夫不负有心人，缪斯女神对那些勤奋的人总是格外青睐的，她会源源不断给这些人送去灵感，直至使他们从落魄走向成功。

据说斯蒂芬·金和一般的作家有所不同，一般的作家在没有写作感觉的时候，就去干别的事情来调节自己，他们从不逼自己硬写，他们会用各种方式来激发出自己的创作灵感。但斯蒂芬·金在没有什么可写的情况下，每天也要坚持

写5000字。这是他在早期写作时，他的一个老师传授给他的一条经验。与其说是交给了他经验，还不如说教会了斯蒂芬·金的勤奋。可喜的是，在他早期的创作实践中，他也是坚持这么做的。也就是说，他在写作上，有过强化训练的经历和体验，他勤奋习惯的养成使他终生受益，以至于后来他说"我从没有过没有灵感的恐慌"。

对于一个勤奋的人，阳光每一天的第一个吻肯定是先落在他的脸颊上的。

梁漱溟是中国现代思想家，现代新儒家的早期代表人物之一。与同在19世纪90年代出生的文学大师们，如陈寅恪、胡适、赵元任、顾颉刚等这帮有才气的人比较起来，梁漱溟的成才之路与众不同。陈寅恪、胡适等人都受过大学教育，而且他们都有留学经历，而梁漱溟的最高学历仅仅为中学。他自己评价说："像我这样，以一个中学生而后来任大学讲席者，固然多半出于自学。所有今日的我，皆由自学得来。"从19世纪末到今天，天资聪颖，入北大、清华等名校深造、受名师指点的学子不知有多少，但能够成为大师的，都不会有千分之一。而天资平平的梁漱溟，6岁时还不会穿有

背带的裤子，小学时学习也不是很好，而梁漱溟竟能凭借自学而成为出入于百家，在哲学、佛学、政治学、经济学诸多领域皆有建树的著名学者，实在是一个奇迹。那么，梁漱溟的自学有没有值得今天有志于学的人学习借鉴的地方呢？答案就在于一个"勤"字。

一是每一天都坚持学习。梁漱溟的自学过程印证了这个道理。他从八九岁开始自学，直至95岁高龄辞世，在近90年间，他一直以书籍为友，以报刊为伴，特别是在奠定其学问基础的青少年时期，梁漱溟更是孜孜不倦地勤于自学，没有一日间断过。当时，据说他读书看报已经成瘾，以至于"每日不看报，则无异于未曾吃饭饮水。"

二是为解决随时遇到的问题而学习。梁漱溟曾多次申明：自己不是学问中人，而是问题中人；自己在各方面的知识是被问题逼出来的。梁漱溟自小就爱思考，一思考就发现许许多多的问题，可他又是一个处世极其认真的人，凡是在其心目中成为问题的，他都不会忽略过去，总是极力找寻问题的答案。为了找到令自己满意的问题的答案，梁漱溟就大

量地阅读各方面的书刊，参考别人的意见，就这样磨出了自己的才气。

三是不停地博采众家之长、补己之短。据梁漱溟自己说，他中学时每天必读的报刊有好几种，其中既有中国人主办的，也有外国人主办的；既有拥护改良的文字，也有鼓吹革命的篇章；读书时，无论是佛家的经书还是儒家的典籍，也无论是经济类的读本还是政治类的著述，只要认为和自己所思考的人生、社会诸多问题相关，他都尽可能地去研读，并在研读中进行比较、借鉴，然后，再得出自己关于人生、社会问题的结论。于是，他的著作相继问世，他的文化大师的地位，也因此而确立。

梁漱溟的成功应该给我们启示，"精诚所至，金石为开"，勤奋能为愚笨的人叩开智慧的大门；"笨鸟先飞早入林"，讲的就是要比别人多下功夫，就是说勤奋也能使愚笨的人更早地到达理想的彼岸。在当下，人的智商都不会有太大的差别，但人与人之间成败得失就显的有较大差别，这当中的缘由，就是在于你是勤还是懒。勤，你就会成功；懒，你将注定会一事无成。

第四节　打造成功的特质

纷繁复杂的社会将会考验着我们每一个人，你的很多素质将在社会得到检验。成功者的素质，就是我们要打造的成功的特质，这能使自己能够顺利地走向成功。于是，我们要积极地采取行动，要领悟宝贵的经验和智慧、要善于获得成功的手段和方法，并最终运用在事业上。但对于那些只是坐在那里，在幻想中过美好时光的人来说，他们的前途是非常暗淡的。

营造影响力

　　人生的快乐在于不断成功，而成功是这个世界上被最多人追求的东西。因为成功与否对一个人来说是他价值大小的体现，所以成功对人有着挡不住的诱惑。伍尔费说："世间没有任何东西能比成功的感觉更令你舒服的了"。这激励着无数渴望成功的人们为之奋斗，有的乃至付出生命。苏秦为实现参与时政，影响诸侯的理想，发奋读书，夜间读书时疲倦欲困，则引锥自刺其股，血流至足；有时则把头发拴在房梁上，靠强制方式止困，最后终成大器，以合纵干预时政。可以说，有人为了自己的成功，他们往往会想尽一切办法来

实现。为了成功，很多人走出现实的时空，忘却现实的困难、苦恼，把注意力投向未来，成为时代的真正"超人"。

人与社会有着相互依存的关系，人际交往无障碍，能正常与人沟通、与人协作，行为能为多数人所接纳，有社会道德感和责任感等等，所有这些都集中体现在一个人的影响力上。不难发现，如果一个人影响力与日俱增，那么他的事业也一定蒸蒸日上。一个人的影响力是衡量他成功的一个标准，它的大小将直接影响到一个人外部资源的大小、广度和深度，从而影响一个人事业的成败。因此，打造成功的特质，营造影响力必不可少。

在汉代，胡人听到李广的名字就会闻风丧胆。据说李广亲率军队作战时，同样一支军队的战斗力，在他的手上便会增强几倍的战斗力。原来，军队的战斗力在很大程度上基于士兵们对于统帅的敬仰和信心，也就是所谓的影响力大小。如果有人对统帅抱着怀疑、犹豫的态度，全军也就没有主心骨，便要混乱。而李广的自信坚强以及超强的人格魅力，感染并激励着他的士兵，使他统率的每个士兵都充满着自信与斗志，从而增加了战斗力。

　　这就是李广的影响力所起的作用。一个人的成功，一定要注意对周围自己影响力的培养。这种影响力是人格魅力的体现，在你所在的那个群体中它把你推向一个核心的地位。

　　据说有一次一个士兵骑马给李广送信，由于马跑的速度太快，在到达目的地之前猛跌了一跤，那马就此一命呜呼。李广接到了信后，立刻写封回信交给那个士兵，吩咐士兵骑自己的马，火速把回信送去。那个士兵看到那匹强壮的骏马，身上装饰得无比华丽，便对李广说："不，李将军，我这一个平庸的士兵，实在不配骑这匹华美强壮的骏马。"

　　一个有影响力的人，待人热情、有着超人的灵感、在困难前有克服的勇气、有着非凡的创造力和想象力会使这些凡人会因为归顺你，或傍在你的周围而自身的价值得到体现，对你会是一种依赖。有了这样的影响力，你也就离成功不远了。

　　刚到微软总部，能够近距离接触自己最景仰的比尔·盖茨，李开复热情很高。他拿着一个600人的微软中高层名单，每天主动约人共进午餐，以增加沟通的机会。微软全球有100位副总裁，其中拥有决策权的大概也就20位，剩下的80来位其实是一种"部门经理"的角色，李开复的地位属于后者。

虽然他还有一些技术上的权威，甚至比副总裁更资深，但随着时日的推进，他领导的部门工作却一直进展得不顺利。

李开复在微软已经近十年，在这十年沧桑巨变中，微软没有把他发明的东西推到前台来，因此李开复在微软总部的处境很尴尬。

李开复一直执着于向着自己的理想高峰攀登。可是在微软，他已经触及到公司的高层，但他的影响力使他的事业不能再有丝毫进展。有些失落的李开复，开始利用微软的无形资产，转向对中国学生的演讲、写信、开网站，以此来扩大自己在国内的影响力。而这些行为，常常被人讽为是不务正业。终于他经过一番谈判和安排，他做出了扩大自己影响力的第二步：跳槽GOOGLE。他的跳槽引起了很多媒体的关注，这使他的影响力大增。跳槽除了能够增加自己的影响力以外，在经济上他也得到了很好的回报。从此，李开复到处宣扬他那"最大的影响力"的人生目标："人生只有一次，我认为最重要的就是要有最大的影响力。所以对自己的每一项工作，我都会问自己，我做这个事情是不是有足够的影响

力。"

因此，成功者具有影响力，具有影响力的人定会是成功者，二者相辅相成。

纵观古今中外，在很多历史典故中看出营造自己的影响力是成功的序幕。狐假虎威，是狐狸借了老虎的影响力使自己得到保全；陈胜吴广先鱼腹藏书，后又阑夜狐叫以此来营造自己的影响力，从而举起反抗暴秦的大旗，使自己千古流芳；曹操挟天子以令诸侯，刘备总是宣称自己是皇室正宗，他们以此来营造自己的影响力，使其各有拥护而使天下三分；诸葛亮让刘备三顾茅庐而不见，以此来营造自己的影响力，使自己日后封侯拜相。

狐狸是一个弱势个体；曹操和刘备，两个都曾是无名的小卒；孔明更曾是一个落魄的书生。在小范围中，不否认他们有个体魅力，但要觅相封侯、甚至得天下，其影响力还是远远不够，但他们能通过一些人和事来扩大自己的影响力，由此来得到自己的目的。

这些是用"假借法"来营造出自己的影响力，还有的用"实干"来扩大自己的影响力。唐初的李世民，用先拆洛阳宫后还木于民来收买人心，然后在建唐时立下功勋，这样用

实事营造出在民众中的影响力，使他能灭太子，诛齐王后登上皇帝的宝座，为中国历史留下贞观之治这一绚丽的篇章。

很多人早就具备有超强影响力的潜质，由于不会推销自己而显得平庸，或者是生平总是郁郁不得志。营造出自己的影响力，这就是现在所说的炒作；炒作，也就是营造出自己的影响力。宣扬自己的观点使人产生共鸣并被人普遍接受，用推销的方式来营造自己的影响力，他会使人一夜成名，一个人的影响力才是成功最坚实的基础。

打造自信力

　　我们常常会因为某一件微不足道的小事情而使自己情绪落入低谷，对自己失去原有那一份自信心，在自己的心里充满着自卑。这样的人对自己的能力、品质等自身素质不太有信心，他们的心理承受力很脆弱，常常经不起较强的刺激，在日常生活中他们谨小慎微、多愁善感，在不经意中常常产生猜忌心理上的自我消极暗示等。虽然这种思想的形成可以是偶然存在，也可以是一段时间存在，但自卑会给人以至社会带来极大的负面影响，活在当下则应该自我反省，有意识地通过锻炼来增强自己的自信心。

　　那么，一个还没有成功地人怎样才能使自己最优秀呢？中国有愚公移山的故事，于是就有人说，能移走一座山的是信心。信心虽不如希望那样使人渴望，但信心比希望要显得更加重要；一个人的希望强调的是实现未来，而信心强调的是当下；值得注意的是，信心不等同于乐观，但乐观源于信心；信心不是热情，但信心产生于热情。按照成功心理学因素分析，信心在各项成功因素中的重要性仅居思考、智慧、毅力、勇气之后。自信人生三百年，唯有自信的人才会有所成就。

　　事实上，做事"能"和"不能"完全取决于你的信心，你认为你能，你就能。世上无难事，只要肯攀登，"你做不到"并非真理，除非你确实反复试过，否则任何人无权对你说"不可能"。一个想当元帅的士兵不一定就能当上元帅，但一个不想当元帅的士兵绝对当不上元帅。因为一个人不可能取得他并不想要或不敢要的成就。记住：你要在没有人相信你的时候，对自己深信不疑。一旦你开始退缩，你就永远踏不出成功的第一步。

　　成功者总是有信心的，在关键时不为他人的意见所左右，他们自己会进行思考和创造。他们常常自己制订计划，

并付诸实施。虽然大多数人都只是人口统计中的普通样本，但正是由他们组成了芸芸众生，卓尔不群又能完全自信的人实在少得可怜。每个成功的人几乎都依赖于某些东西或某个人。从表象看，这些成功的人中有些人靠他们的钱，有些人靠朋友，有些人靠衣装，有些人靠出身，有些人靠社会地位。但是，我们很少有人明白，更多的成功者完全是靠自己的双脚，堂堂正正地立身于社会的人——他靠的是自己的美德、完全的自信自立和果敢有为。

有人说科比在球技上是第二个乔丹。他在2006-2007赛季在单场连续得分上成了张伯伦第二，有人问他在对手如此严密的防守下为何还能轻而易举地得分时，他讲了他学习自信的故事：

"刚到NBA，我被叫到篮球架前心里总是惴惴不安的，在心里也会抱怨个没完。'这必须得学。'我的教练声音很平静却相当有力。我们知道，他从来不认可一切解释和借口，他对待我们有时就像西点军校的教官。他总是说：'我要的是那个问题，我不想听到你没能回答那个问题的任何理由。'"

　　"'我练了五个小时。'我有时也会狡辩。"

　　"那对我没有任何意义。我要的是你理解这一战术。你可以不必去学，或者你可以练上10个小时，随你的便。但我要的是你理解和运用这一战术。"

　　"这对一点对于我来讲太难了，但我从中也获得了益处。不到一个月的时间，我获得了巨大的勇气和独立思考的能力，我不再害怕教学比赛了。"

　　"一天，教练那冷漠平静的声音在大庭广众之下落在了我头上：'不对!'我们还正在进行着教学比赛，他就在场下大叫。"

　　"我犹豫了一下，这种犹豫往往使我在球场上不知所措，他又在我认为是最好机会出手得分的时候来一声斩钉截铁的'不对!'他阻断了我的进攻的进程。"

　　"你下来!"

　　"我坐了下来，觉得莫名其妙。"

　　"另一个队友也被'不对'声打断了，但他继续他的比赛，直到打完为止。奇怪的是，当他坐下时，得到的评语是

'非常好'。"

"'为什么？'我埋怨道，'我打的和他一样，你却说不对！'"

"你为什么不说对，并且坚持往下打呢？仅仅了解篮球的技战还不够，你必须深信你了解它。除非你胸有成竹，否则你什么都没学到。如果全世界都说不，你要做的就是说是，证明给人看。"

科比说："教练给我最好教益就是训练了他依靠、信赖自己的能力。如果他不学会自信，他至今也还会是一个弱者，一个篮球场上默默无闻的人，至少不会有现在这般优秀。"

所以，坚定的自信，便是成功的源泉。不论才干大小，天资高低，成功都取决于人的坚定自信力。相信能做成的事，一定能够成功；反之，不相信能做成的事，那就绝不会成功。有许多人这样想：世界上最好的东西，不是他们这一辈子所应享有的。他们认为，生活上的一切快乐，都是留给一些命运的宠儿来享受的。有了这种不自信的心理后，当然就不会有出人头地的观念。当下许多人，本来可以做大事、立大业，但实际上竟做着小事，过着平庸的生活，原因就在于他们自

暴自弃，他们没有远大的理想，不具有坚定的自信。

　　所以，只有自信的人才会在处理事情的时候采取主动的态度，在事情和自己的能力中寻求突破口，分析结果后我们自信地对待自己的问题，自信地解决所遇到的难题，最后，就会在自信中走向成功。

发现自己的能力

有伯乐才会有千里马，在眼下，我们要学会做自己的伯乐。成功的人都有超强的自我发掘力，他们看起来比一般人要特别一点，甚至一些人把他们冠以"天才"的头衔，其实这种天才就在于发现自己。

发现自己，就是发现另一个自己，发现假面具后面一个真实的自己，发现一个分裂的自己的各个部分，发现自己的长处与不足，把局限、偏见、愚昧、丑陋、冷漠、恐惧等归为骄傲自大一类，并在生活中弃而远之；把热情、灵感、勇气、创造力、想象力和独特个性等归为一类识而用之。对自己的认识，认为有长处而无不足是骄傲自大；认为有不足而

无长处是自卑自弃。不论骄傲自大还是自卑自弃，作为一个成功者，就一定要会扬其长而避其短。

乔丹因身高不够曾被NBA拒之门外，教练不能慧眼识英才来发掘他，他就自己培养自己。乔丹的篮球之路并不顺畅，但他拥有一颗对篮球热爱的执着之心和永不言败、永不放弃的精神。为了进入北卡大学的篮球部，他不惜在篮球部里当一个捡球的人。每次篮球队训练的时候，乔丹只能在旁边观看以及帮忙捡球。等球员、教练走了之后，他总是一个人在练习教练教给其他球员的技术。有人说他是一个天才，他在NBA上创造了一个时代。其实，这种天才的特质与常人仅是自我发现力的不同而已。

有人曾问古希腊大儒学派创始人安提司泰尼："你从哲学中得到了什么呢？"他回答说："我发现了自己的能力。"正是这种能力的获得，使人的思想和情感有了向高尚和纯粹境界提升的可能。一个人如果缺乏发现自己的能力，也就是缺乏对自己的审查、怀疑、反省、忏悔的能力，缺乏深入探究事物真相和本质的能力。他便会被自己蒙蔽，稀里糊涂地虚耗和损害自己的生命，甚至给别人、给社会带来伤害。

　　"不识庐山真面目，只缘身在此山中。"人是很难有自知之明的。有人说，倘若你既没有自知之明又狂妄自大，就如一个人从正面看衣冠楚楚，彬彬有礼，一派绅士风度，却在屁股后面露出一根毛茸茸的尾巴一样的让人忍不住发笑。这个人常常会嘲笑看不到自己缺点的人，事实上，看不到自己优点的不仅可笑，而且还很可悲。因为你具有了成功的特质而自己不知道，就像一个人饿死在馒头堆里一样。所以，一个人要善于发现自己的优势。

　　前微软全球副总裁李开复博士在苹果公司工作的时候，有一次老板问他什么时候可以接替老板的工作。按照中国人的思维，可能老板是看出了他的什么野心。但从老板的眼神里看到的是老板的真诚，这样的提问令他非常吃惊，李随即礼貌地表示自己缺乏管理经验和能力。但老板却对他说，经验和能力是可以培养和积累的，而且希望他在两年之后可以做到。有了上司这样的提示和鼓励，李开复开始审视自己，很快，他发现了自己的优势和不足，并开始有意识地加强自己的学习和实践。果然，两年之后他真的接替了老板的工作，成了公司的主将。

发现自己，既是一种能力和智慧，又是一种德行，一种高贵的人格境界，更是认识自我，发挥潜在的能力。很多人的特长有时是不会被及时发现的，这使他们在当下的创业中走很多弯路。

安提司泰尼就是善于发现自己的人。对于自己的优缺点，他都是清清楚楚地。他看到铁是被锈腐蚀掉的，他就评论说，嫉妒心强的人被自己的热情消耗掉了——这他是在同自己的嫉妒谈话，对自己潜伏着的嫉妒做出严正警告。他常去规劝那些行为不轨的人，有人便责难他和恶人混在一起，他反驳道："医生总是同病人在一起，而自己并不感冒发烧"——这他是在同自己的德行和自信谈话。一次，一些恶人在为他鼓掌，他又说："我很害怕自己做了什么错事"——这他是在同自己的警惕性谈话。他认为一个想不朽的人，必须要忠实而公正地生活，必须是在同自己的信念谈话……必须能发现自己的方方面面。

有谁不愿意发展自己的优势呢？但是，你要是不会发现自己的优势，哪能发展自己的优势呢？在发现自己方面，事实是许多人都不是很积极，许多人不是很悉心探究自己的优势，相反，他们花费大量的时间和精力来研究自己的弱点。

除非我们正视这些问题，并以解决，否则你为发展自身优势而做出的种种努力就会半途而废，人所有的理由都起源于三个基本的担心问题上面：

（1）害怕自身的弱点。

（2）害怕挫败。

（3）害怕真实的自我。

不可否认，我们每个人都有自己的弱点。认识并克服这些弱点对于某些人来说是轻而易举的事，但是对于另外一些人来说就是难上加难了。如果这些弱点干扰了我们的自身优势，我们就要想出一些策略来控制它、关注并设法解决它。发现弱点只能帮助我们避免失败而不能帮我们更加的出类拔萃，发现我们自身的优势才能使自己在事业上更进一步。

一个人多多少少总是分裂的，但要学会在分裂的各个自我之间有平等、理性的对话——这就是自我的发现。发现自我这就是一个人的内省过程；正是一个人的悟性从晦暗到明亮的过程；一个人的自我发现过程就是一个自我锻造的过程；更是一个成长成熟的过程。正如真理愈辩愈明，在各个自我之间的诉说、解释、劝慰乃至激烈的辩论中，我们心灵深处的智慧和能力才有可能浮出。

第三章

识时务者为俊杰

第一节　分清形势

　　开眼看世界的形势，在浩浩荡荡的发展中，要知道顺"势"者昌，逆"势"者亡!知"大势"者是大智者。诸葛亮未出隆中知天下三分，他能开眼看世界，绝顶小天下!什么是世界大势?当今社会，在庸者眼里，"天下熙熙，皆为利来；天下攘攘，皆为利往"，全一头钻进名利这个魔咒中，他们的人生将永远归于沉寂。不清时势，不明事理却又想"横行天下"者最终会贻笑天下!

冷静思考

《论语》说"学而不思则罔，思而不学则殆"，提出了思与学的辩证关系；《孟子》提出"心之官则思，思则得之，不思则不得也"。不难看出，人类由蒙昧进化到文明是思考的结果。在现代，我们对于思考有更深的理解，知识是自然存在的东西，要转化为人的智能，就必须经过深入细致地思考锻炼，并把成功这个外在的东西展现出来。当下的社会是我们展现自己的舞台，也是我们生活的主要场所，人生的喜怒哀乐、成败得失大多都在这个舞台上演。在这个舞台你想要找到自己的合适位置，你就要学会思考，这样，你在

事业上就会得心应手，生活也会更开心。

一个成功的人考虑事情很全面，很多地方别人没有想到的，而成功的人都考虑周全了。但在现实中又是什么阻止了我们成功的步伐？那就是深入思考，只有思考，才会使你的心智更完美和健全。那么，我们如何用思考来走向成功呢？

首先，人的心不可以太浮躁。古人说"宁静以致远"，简简单单的五个字，有的人却很难做得到。一个人从自小就在努力，三十岁时能做到遇事冷静，宠辱不惊，就算是小有成就了，在这个过程中，只有冷静的人才可以用思考给自己带来成功，浮躁的人面临更多的是失败。

第二，加大知识的储量。面对一个事件的时候，如果没有足够的知识，思考自然就只能停留在表面上了。为什么在面对同一件事时，每个人的看法都不一样呢？就是因为每个人所掌握的背景知识不同，思考的深入层次也不同。如对待一件事，有人会从道义上去赞扬或谴责它；有人只会看一些评论而保留自己的观点；……这就是因为每个人知识的储量不同，于是对同一件事的反应也就不同。

第三，思维要积极。一个人不爱动脑筋，说白了就是精神上的懒惰，本来可以再思考得成熟一点、深入一点的，

可是他却为了舒服而放弃思考。长期这样，这个人一定会变得思维迟钝、反应迟缓，并且更好的办法往往是被别人想出来，而自己却成了机械的执行者，他在生活中总是受他人任意摆布，生活就会很沉闷。

第四，追求新意。一个人生活在一个很世俗化的环境里，世俗的人喜欢按照大部分人对事情的第一反应来处理事情，他以为最符合大家的意思就是最好的办法，或者暂时只想到这一步，这也足够解决问题了，把问题多想一步看成是一种浪费，他身边的很多人都会这样去想。长期这样，这个环境里面的人都已经习惯了自己的思维，并把这种习惯当成自己懒于思考的借口。这种环境的影响关键是使这个群体都不能朝着深入思考的方向去努力，渐渐地就更忘记了深入思考，忘记了创新。渐渐地使一群人变成了机械地做事呆板地做人。因此，一个成功的人，他们在生活中的每一刻、每一件事中都有创新意识，并把这种意识看成是一种习惯。

作为一个事业成功的人来说，他不仅善于提高自己的思考能力，他还知道自己如何在实践中去历练自己的观察世界的能力。

首先，了解自己的现状。并不是所有的人都要想清楚在

未来的岁月里干什么，以及自己的知识积累要到达一个什么样的水平。但是，至少每一个人都须知道未来应该走上那一条道、每天做事要得到什么目的，这就是应该要花些时间去思考的一个问题。你的人生目标究竟是什么？你是想经商，还是想从政？你是要闹，还是要静？你是求名，还是求财？把个人的目标结合、自身的喜好和时代的需求这三点结合起来思考，不仅能锻炼自己的智商，而且还会切合实际地规划好自己人生的蓝图。

第二，走进社会去实践。思考并不是一味地每天对着蓝蓝的天去傻想，而要与实实在在的行动相结合起来。你要清楚你要选择的路究竟是什么样的道路？你赢的概率可能有多大？你能不能保证坚持在这条道路上走下去？在走进社会去实践前，一个人有时需要做大量的调查，有时需要用很大的代价去铲除自己实践的障碍，就是得不到实践的成功，也会积累一些经验，这对一个人来说也是很宝贵的。

第三，规划好你的人生。由于是对自己人生前途的思考，要有远大的目光，要有预见未来情况的远见，在事前的计划中尽量避免规划的不合理，因为一个人的生命上苍只给一次生的机会，走过了就不会重来，所以要格外珍惜你人生

的规划。

这是一个需要深思熟虑的年代，否则你就会很轻易地被社会的法则捉弄，轻则失志，重则丧命。当以自己的眼光来审视眼前的问题时，你就会有许多新的发现，对待某些事物的看法也有相应的改变，你也会因此而与众不同。

对一件事，有很多种不同的思考，比如，换一个位置，换一个角度；从现实看，用历史的观点看……你都会有不同的发现。比如，我们坚定不移的认为秦桧是个"大坏蛋"，因为他以"莫须有"的罪名害死了抗金英雄岳飞。但如果你深入地思考会发现，真正的罪魁祸首应该是当时的宋朝皇帝：他是害怕岳飞救回自己的父兄后，自己无法再继续做皇帝，他想保持那种半亡国的状态。再说，如果没有宋朝皇帝的默许，秦桧纵使是宰相，又能如何加害得了岳飞？这里我们不是在为秦桧辩护，只是想告诉大家，当你对一个老问题进行深入的思考时，你会发现更多的不同观点，这就是开动脑筋的好处。

当然，一个人思考的完善，有时更是需要借鉴的。世界上大部分的事情都是相对的，几乎没有绝对的事情，因此，也就没有什么绝对的"对"或者是"错"。当看待事情的时候，应该运用自己敏锐的判断力以及优秀的头脑来进行独立思考，相信自己的才华，相信自己所想的，相信自己所做的。从另一个方面上说，在相信自己的基础上听取别人的意见，对事情深思熟虑才是有才气的表现。大唐盛世时，唐太宗的大臣们常常给他提各种意见，太宗皇帝从不一味地只相信自己，但也不只听取大臣们的意见，他总是在自己和别人的意见之间反复思考。在深思熟虑之后再做出决断。这位贤明的君主就是靠着这样对待问题的方式，使当时社会稳定吏治清明。

　　相信自己，就是遇事都有自己的看法和见地，而非一味顺从着他人的脚步；听取他人的意见，是在相信自己的基础上，参考别人的意见和建议，使自己解决问题的办法更加客观，更加成熟，这就是所谓的开动脑筋去生活。一个善于思考的人，先要立足于世界来解读趋势和信息。身边的小局面要清楚，世界大环境更要兼顾。中国有很多话，"树挪死，人挪活""此处不留爷，自有留爷处"。它告诉我们对信息的解读，就是给自己更广阔的空间，你的世界大了，机会也就多了。

识得人心

人的"开眼"就是明白人世间各种各样的苦难，能够辨别社会中的各种奸诈和险恶，看淡人生中的荣辱得失，分清世界形势走向……明白了这些道理，一个人懂了这些道理，他们不管遇到何种苦难、何种的困惑都能坦然面对；他们也不管遇到何种荣耀，都能淡然置之，他们会理智的活在这个世界上。

有一双慧眼看清这个世界，我们的心胸就会像大海一样深广，永远与自骄、自傲、自满隔绝，这样明明白白地活在人世间，就没有真正使我们糊涂的事，留给自己的是积极的

人生追求。

　　看历史上的伟大以及杰出的人物，他们当中的很多人都能开眼看世界，在清醒中挑战命运的坎坷和虐待。开眼人总是善于在错综复杂的世界找到生命的支点，他们及时调整了自己的心态，坚韧地面对生活的艰辛，在血雨腥风的岁月中安然走过，在灯红酒绿中洁身自好，在这物欲横流的世界努力克服困难，最终使他们脱离了贫穷困难，脱离平凡，造就着卓越与伟大。

　　在20世纪初，中国的思想、政治、军事均处于混乱状态，守旧者希望退回到封建主义的老路，却得不到民众的广泛支持；激进者想闯出一条新路，却不知道该往哪儿走。是孙中山率先打出"三民主义"的旗号，为人们指明了一条值得尝试的道路。虽然他无枪、无粮、无饷，实力还不及一位小军阀。他没有像历代开国统治者一样"马上打天下"，却被公众推为理所当然的领袖。因为在当时没有人比他更清楚路该怎么走，他能看清历史的发展，这也成就了他的伟大。

　　明朝的李自成看不清当时的状况，把唾手可得的江山毁于一旦，更留下千古笑柄。

　　李自成于崇祯十七年兵至京师，颠覆大明的江山。李自

成进入紫禁城后，仅42天便退出北京，李自成的失败不仅仅是个"腐败"问题，更不是个"骄傲"问题，是因为李自成缺乏看世界的眼光。

当初大顺军之暴虐与匪无异，这史实证明了李自成的"山大王"特质。"山大王"总是目光短浅的，使他不具有政治眼光，他看不到民众心里的期望，所以比比可见的则是寇者气象。

大顺军进京前，京城民众"每言流贼到门，我即开门请进。不独私有其意，而且公有其言。"可见民众最初对他是何等拥戴。那知前门驱虎后门进狼，这群饿狼比虎更贪婪残暴，大顺的残暴首先在民众中产生"今不如昔"的怀旧思想。因此，当初的"顺民"们驱杀大顺官兵亦是情理中事。生活在明朝暴政之下的民众，也曾寄希望大顺救民于倒悬。李自成不是一个开眼人，他看不出这一点。

李自成败退北京城后，"纵其下大肆淫掠，无一家得免者"；并将所掠的物资装载在车上，据说装掠夺来的财物车马长有十多里。当时的人们需要什么，历史的趋势是什么，

闯王可能从来没有想过。李自成在武英殿演了自己最后一幕闹剧后，又一次践履了"得道者多助，失道者寡助"的古训。

在眼下，只有正视现实，才会正确评价世界，自己才会有长足的发展和进步。无法正视世界，自己就无法反省和改正，结果将是故步自封，你就会与发达的文明渐行渐远。

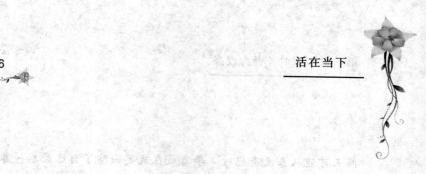

顺应时势

　　在一个特定的现实条件下，在事情的发展中，总会有那么一个人成为推动事情发展的主角。也就是说，这个人是一定会出现的，他总是比别人有胆识，有眼光，有实力，有魄力……他总会因为顺应时势而成为做成这件事的英雄。

　　拿破仑的那个时代里，法国人民反叛情绪的积累，还有外国势力的侵略威胁，人民对当局政策的不满情绪，这一切都注定将有一个新的、更具威慑力的强硬政府来带领法兰西走上强大。所以，拿破仑横空出世了。在时势中，在历史发展的趋势里，她孕育着英雄，顺应时势就必然会造就英雄的

出现。

　　林则徐在嘉庆九年中举，嘉庆十六年中进士，也曾与当时一些有志之士一道提倡经世致用之学。在任上他积极整顿盐务、兴办河工、筹划海运，做一些造福国民的事。他还采用劝平粜、禁囤积、放赈济贫等措施救灾抚民。升任河东河道总督，他还亲自实地查验山东运河、河南黄河沿岸工程，提出改黄河水道根治水患的治河方案。他还为克服银荒和利于货币流通，反对一概禁用洋钱，提出自铸银币的主张，为中国近代币制改革的先声。

　　他升任湖广总督时，是时鸦片已成为严重弊害，林则徐提出六条禁烟方案，并率先在湖广实施。他上奏朝廷："历年禁烟失败在于不能严禁"，表达禁烟的重要性和禁烟办法。于是他被任命为钦差大臣，前往广东省禁烟。抵达广州后，他会同两广总督邓廷桢等传讯洋商，令外国烟贩限期交出鸦片，并收缴英国趸船上的全部鸦片，于四月二十二日起在虎门海滩销烟。在此期间，林则徐还注意了解外国情况，组织翻译西文书报，供制订外交对策。所译资料成为中国近代最早介绍外国的文献。林则徐还大力整顿海防，积极备

战，购置外国大炮加强炮台，搜集外国船炮图样准备仿制。

面对强大的封建保守势力，林则徐为官时的一言一行之所以成为亮点，是因为他顺应了当时国家的局势和国人的那种民族精神。不掌握大环境，你纵是有济世之才，你也会默默无闻，甚至还会身败名裂。中国有句话叫"识时务者为俊杰"。做事要顺人情，顺时事，顺天理。顺势了，你为人做事顺水又顺风；不知时事，你会举步维艰。

在与林则徐几乎是同时代的另一个人就没有那么好的运气了。郭嵩焘20岁时考中举人，经过几年游幕生涯，终于在1847年考中进士并正式步入仕途。由于曾国藩的举荐，1856年到京城任翰林编修，他也深得咸丰帝赏识。咸丰帝派他到天津前线随僧格林沁帮办防务，因为他的刚直，与曾格林沁积怨很深，终遭排挤，不久就黯然归乡隐居。

"马嘉理案"发生后，清政府只得答应英国的种种要求，其中一条是派钦差大臣到英国"道歉"，并任驻英公使。清廷决定派郭嵩焘担此重任，因为当时只有他懂得洋务。

中国派驻出使大臣的消息，在国内引起了轩然大波。因为中国传统观念认为其他国家都是蛮夷之邦的"藩属"，是定期要派"贡使"来中国朝拜的，绝无中国派使"驻外"之说。中国虽然屡遭列强侵略，但这种对外交观念并无改变，认为外国使节驻华和中国派驻对外使节都是大伤国体的奇耻大辱。所以，郭嵩焘的亲朋好友都认为此行而担心，为他出洋"有辱名节"也深感惋惜。更多的人甚至认为出洋即是"事鬼"，与汉奸无异。有人编出一副对联骂道：

出乎其类，拔乎其萃，不容于尧舜之世；

未能事人，焉能事鬼，何必去父母之邦。

当时守旧氛围最浓的要数湖南一群绅士，他们群情激愤，认为此行大丢湖南人的脸面，要开除他的省籍，甚至扬言要砸毁郭家宅院。郭嵩焘在强大压力下，曾几次以病向朝廷推脱，但都未获得批准，终在1876年12月从上海登船赴英。到达伦敦后，他立即将自己的一言一行仔细地记为《使西纪程》寄回总署。将途经十数国的政治风情、宗教信仰，富民策略全都作了介绍。但总理衙门刚将此书刊行，立即引

来顽固守旧者的口诛笔伐。有人以郭嵩焘"有二心于英国，欲中国臣事之"为理由提出弹劾他。由于找不到合适人选，清廷也没能将他召回，但最终下令将书毁版，禁止了这本书的流传。

郭嵩焘的副手刘锡鸿也不断向清政府打着"小报告"，列出郭嵩焘的种种"罪状"。巴西国王访问英国，郭嵩焘应邀参加巴西使馆举行的茶会，当巴西国王进场时，郭嵩焘也随大家一同起立。这本是最起码的礼节礼貌，但刘锡鸿却将这件事说成是大失国体之举，因为"堂堂天朝，何至为小国国主致敬"！更严重的罪状是说郭嵩焘向英国人诋毁朝政，向英国人妥协等等。

郭嵩焘回国后，心力交瘁，不久就请假回到乡里。不想回到故乡长沙时，等待他的却是全城人的指责，指责他是"勾通洋人"的卖国贼。就这样，他在一片辱骂声中离开了政治舞台，终不再被朝廷起用，于1891年在孤寂中病逝。

如果你不能顺应时势，无论你是多么的正确，你也不会走向成功。在今天看来，郭嵩焘的做法可谓是开眼看了世界，但他忽视了他置身的是一个迂腐而又固步自封的大环境

下，自己的力量又是多么的渺小，想做一些超前的事是很少有人拥护的。在现代社会也是如此，做人的要熟知做人之道；做事的要遵循做事的规则，要懂得"入乡随俗"。这样，你活在当下才会游刃有余。

第二节　理顺关系

　　要做事情就要先搞好各种关系。其中包括内外的人际关系；理顺杂乱的事物之间的关系；甚至还要处理时间关系。如果在关系上不下力气去理顺它的话，轻的将耽误更多的时间，严重的将会导致事情的败局。活在当下，理顺关系，可以说是磨刀不误砍柴工。欲成大事，你就要掌握好事情内在的信息，明确必要的工作程序，清楚各层各单位的人物关系。这样，才能把握好当下。

善于处理人际关系

　　中国自古以来都推崇"关系学"，就拿简单的吃饭来说吧，分不清客人间的关系，你都无法安排他们入座，因为他们会因为各个之间关系的不同而坐不同的位置，张"座"李"坐"，那会是一个失败的饭局。当下"理顺人际关系"是正常社会活动，只要不违法，大可"八仙过海，各显神通"，用不着"犹抱琵琶半遮面"。因为良好的人际关系能为我们的成功插上翅膀。所以，活在当下，我们必须时刻注意建立良好人际关系，无论走到哪里，"人熟好办事"的规则都是适用的。

初涉社会的人会遇到各种问题，而人际关系的处理，是很多"新手"难以处理而又尤为重要的问题。我们总会遇到这样一个情况，无论进入哪家企业，你都觉得在与周围的同事相处时有诸多的不自在。每新进一个公司，从事一份新的工作，虽然你总是满怀希望，力争在新的环境有所作为，但不久后，你与同事便产生不合群的感觉。有很多人的离职，可能不是因为他的能力问题，而是因他人际关系处理的不当，最终导致他找工作时总是"屡找屡败"。

其实，这种现象是人走向社会必经的一个阶段，很多人因不会处理与眼前人的"关系"而最终导致事情失败。当一个人所处的环境骤然发生变化时，人际关系也不再如以前一样了，这就会从单一的人际关系转向多元复杂的社会人际关系，如何尽早地适应新的社会角色的转变，这就需要一个过程。这个过程与以往的过程不同，它需要个人在当下独自面对。对于一个没有职场经验的新人来说，面对一个新的环境或环境有所变化时，就要及时调整自我，以便很快地融入工作团队中。这样才能和周围的人有一定的交流，但这种交流还要进入对方的内心。这样，这个人就不会存在排他的心理，他在集体中就会有一种归属感。这时，他在当下的工作

就会很顺手——这就为理顺职场关系打下了基础，接下来就可以学着理顺人际关系了。

在眼下，有人说理顺人际关系就是拉关系、走后门，其实不然。走后门的往往是不寻常者，他们总喜欢不按规矩办事，多属于内部人员的"亲戚舅子老表"。走后门是利用权势或强势无原则的照顾，是置法于不顾的灰暗的交往途径。而拉关系是双方增进了解，加大彼此诚信度的一种社交形式，它是阳光透明的，其核心内容就是探讨如何理顺好人与人之间的关系。

我们知道美国是严格奉行法律和规则的国家。但美国人却很重视"拉关系"。"拉关系"能"登堂入室"，大大方方走进大学课堂，这是很多人始料未及的。大学教授在课堂上积极传授关系学。教授都提到，管理专业学生若想成就一番事业，一定要强调建立关系网。美国人眼中的"拉关系"，全然没有汉语语境下的贬义。对他们而言，说某人拥有强大关系网是种褒奖。这样的大环境下，大学将"拉关系"作为必要技能而传授给学生。教授们不仅在课堂上大谈"拉关系"的重要性，还专门著书立说不断拓展其内涵。在美国大学里，并非只有管理学这类专业看重"拉关系"，其

他专业同样如此。有不少人通过参加社团活动，学会了轻松自如地与人交往，为日后闯荡社会积累了经验和资本。

很多人只知道比尔·盖茨他今天真正成为世界首富的原因，不仅仅是因为他掌握了在电脑上的智慧，更重要的是他做事能利用自己的交际优势。其实，比尔·盖茨之所以成功，还有一个最重要的关键就是比尔·盖茨的人脉资源相当丰富——他会交际。

让我们来学习一下比尔·盖茨的社交法则：

第一，利用自己亲人的人脉资源。

他签到了第一份合约，是跟当时全世界第一强电脑公司IBM签的。当时，他还是位在大学读书的学生，没有太多的人脉资源，他怎能办到的呢？原来，比尔·盖茨之所以可以签到这份合约，中间有一个中介人是比尔·盖茨的母亲。比尔·盖茨的母亲是IBM的董事会董事，妈妈介绍儿子认识董事长，这不是很理所当然的事情吗?假如当初比尔·盖茨没有签到IBM这个单，相信他今天绝对不可能拥有几百亿美元的个人资产。

第二，利用合作伙伴的人脉资源。

比尔·盖茨最重要的合伙人保罗·艾伦及史蒂芬。他们不仅为微软贡献了他们的聪明才智，也贡献他们的人脉资源。

　　第三，发展国外的朋友，让他们去调查国外的市场，融入这个市场，以及开拓国外市场。

　　比尔·盖茨有一个非常好的日本朋友叫彦西，他为比尔·盖茨讲解了很多日本市场的特点，为比尔·盖茨找到了第一个日本个人电脑项目，以此来开辟日本市场。

　　所以，在当下，不管你是高居官场还是立足商场，你都必须马上融入这个圈子内，成为集体的一部分，这也是投入工作的体现。要是自己独处不搭理别人，那只能说明自身与他人和集体格格不入，这种孤立所带来的后果很可怕。因此，在当下我们要学会理顺关系。理顺关系就是使自己拥有更多的人文资源，这样的人在社会上才会如鱼得水。

找准关键人物

有一个刚到草原上放羊的人养了一大群羊，令他苦恼的是，羊群放起来总是一种很散乱的。平日里，羊群在一起总是盲目地左冲右撞，如果有一只羊在一片新的肥沃的绿草地吃到新鲜的青草，后来的羊群就会一哄而上，你争我夺，会把草践踏掉，也全然不顾旁边有虎视眈眈的狼，或者远处还有更好的青草。晚上赶羊进栏时放羊的人也会费很大的劲，它们总是四处逃窜，难以集中。

一个老人给他建议道："你驾驭好领头羊，一切问题都会解决。"

可是，哪只才是控制这种混乱局面的领头羊呢？牧羊人犯了难。老人告诉他：找领头羊要靠你的眼光，找到了，你还要会利用它，这样你才会放好这群羊。

终于，牧羊人通过观察，找到了领头羊，又经过一段时间的磨合，放羊时管理好了领头羊，其他羊放起来比以前轻松多了，不久，他成了一个有经验的牧羊人。

一个优秀的人，要使所做的事能成功，甚至达到更高的目标，最重要的前提是找到关键人物。如果你找错人，就是你使出浑身解数，到头来还是折戟而归。所以，当下做事最重要的就是要确认对你的事情有决定权的关键人物，对他们你需要加倍留意或关照，因为他们对你事情的成功往往是起到非常关键的作用。

汉高祖刘邦本业只是一个无业游民，他不愿从事寻常百姓的工作，反倒结交了众多游侠，当他见到秦始皇出巡的行列时，他有感而发，仰天长叹道："大丈夫当应如此。"从此，他学会广交各路英雄豪杰，将当时的萧何、张良、韩信等几个关键的杰出人才收于自己的帐下，最终利用他们打败霸王项羽，成就帝王大业。可以说，大到改朝换代，小到个

人的成长，若没有把握好当时的关键人物，天下的任何王朝是不会兴盛，个人的事业也不会发达，人生也不会有成功。

人们刚到一个新的环境，有身居高位，却使自己的"政令"不能通行的尴尬；有要及时树立自己的威信，可又有伤害官场元老的两难，活在当下的人常常会遇到这种局面。其实，想打开这种局面、盘活职场就先要拿准关键人物，分清谁是元老，谁有后台，谁最有威信。知道他们各自的利益所在，拿准关键人物，这样你就会便于拿出相应的策略来对症下药。

一家公司的CEO海风作为企业的创始人，已经带领企业在商海中拼搏了十几年。近几年，海风的身体由于以往的透支使用渐渐有些吃不消了，于是在他60岁这年把公司交给了自己的儿子——刚刚30出头的海洋，自己出任集团公司顾问，把CEO的位置交给了海洋。

新官上任不久，海洋就觉得自己工作开展得并不顺利，最主要的问题就是自己所做决策在推行过程所遇到了阻力。海洋直接负责管理的这些人，有两种类型；要么就是企业的"老臣"，这些人不仅仅在集团发展过程中有苦劳更有功

劳，而且从年纪上讲都是自己的叔叔辈，在他们眼中，海洋还是一个小孩子，自己也根本不能像对待其他下属那样以命令为之；要么就是自己的七大姑八大姨，都是自己的直系长辈，面对他们总有一些亲情的因素在里面。虽然海洋在经营企业的过程中，有自己的战略规划，但每一项决策在进行会议讨论的时候总是反对声一片，不要说推行，就是通过都是问题。

最开始，海洋以为是自己的计划可能存在问题，但经过几个回合下来，海洋发觉事实并不是如此，这些"老人"是有意在自己面前体现出他们的分量，故意刁难自己。而集团的中层干部又大都为这些高层提拔起来的，海洋对中层的影响力也有限。渐渐地海洋觉得自己被架空了，不是自己主宰公司的走向，而是自己被这几位"老人"所主宰。虽然心里有很多的委屈和不舒服，海洋并没有表现出来，而是继续的闷头做事。但他眼睛没有闲着，心里也在盘算着该如何解决这个问题。通过一段时间的碰壁以及思考，海洋发现"老人"之所以对自己有所抵触，无非两个原因：一是怕失去了

自己原有的位置，二是以更谨慎的态度对待自己的决策。

第一种原因是由于一手提拔他们起来的海风已经渐渐淡出企业日常管理事务，"老人"们害怕自己这个新官会烧几把火，所谓"一朝天子一朝臣"，新人有新政，这些"老人"怕跟不上节奏。更深一层的意思是：原来海风在的时候，会念及"老人"的功劳与苦劳，可海洋对这些知不知道？是否会念情面？所以"老人"们才处处挑剔，目的是让海洋认识到这些人的价值所在。

为化解这部分矛盾，海洋出面邀请这些关键的"老人"出席特地为他们安排的酒会，并请出又一位关键人物——自己的父亲海风也同时出席。在酒桌上，海洋向大家敬酒，同时都如数家珍的把几个关键人过去的一些成绩道出。由于海洋事先向父亲请教了这些人的成绩，准备工作做得足，这让他们很意外。在这几个关键人物眼里，没想到这"小家伙"居然还是知道自己为集团所做的一切，心里的顾虑也少了一些。海洋敬了酒之后，海风对海洋说："这些都是咱们集团发展的功臣，你要如同孝敬我一样的对待这些叔辈们。"转过头又对"老人"们讲："大家都是和我，和咱们集团风里雨里一起走过来的，我不会忘记大家，海洋也不会忘记大家，集团更不可能对不起大家。我年纪大了，先退居二线了，把公司交给海洋。他还小，还需要各位的提携照顾。我把咱们集团，把海洋交给诸位了。"海洋也跟着表态：公司在短期内不会做人事调整。各位都是对集团有功之人，我一定会和爸爸一样善待各位叔伯。海风父子的表态，让大家觉得心里热乎乎的，也都表态支持海洋的工作。

最后海洋能打开局面，得益于他先拿准关键人物，然后再用策略，使自己的工作会事半功倍。

找准关键人物，要有原则和策略，在职场上，有人为了达到自己的目的，不惜违背自己的良知，不择手段、钩心斗角、争权夺利、丑态百出，可能会陷进钻营拍马的魔圈中而不能自拔，弄得自己身心疲惫。我们要善于逆流俗而为，以冷静的心态面对复杂的职场，拿准关键人物，也就拿准了事情成功的关键。

潇洒职场

在一个工作环境中，你可能是匆匆的过客，也可能是三朝元老；你的地位可能是中流砥柱，也可能是处于无关紧要地位。但不管怎样，你都不要等闲视之，你做不了事业的地方要想办法赚个人缘。当下有"人走茶凉"感叹的人是他在职场中首先没做好自己。

有人以为他离开一个地方，这个地方就失去了价值因而舍弃，他们又会在另一个地方苦心经营着新的人际关系。玩转职场，老的关系要用心维护，现有的关系也要用心维持，这样的人才会在职场吃得开。

有一个做文秘的人已换过五个工作了。他有一缺点，一换工作就不再与原来的同事联系了。有一次他的老板知道他曾在一家投资公司工作，就希望他能找以前的老板。因为他们公司正和他在谈一笔投资，而且他现在的老板很看重这事。老板还承诺，如果他把这事促成了，会给他奖励、提职。为不扫老板的兴，也为能保住自己的饭碗，他就临时答应下来。后来，他试着去努力了，可由于已有两年没联系，以前很多同事都辞职了，听说公司地址也换到其他地方去了。他最后不得已告诉了老板实话，老板说："你这么不会来事，怎么还做文秘？"结果，他不得不在琢磨何时辞职了。

　　通过这个故事我们该明白现在职场维系人际关系的重要性。你想，如果你能帮老板用合理的方式争取到这笔投资，你的事业就一片开阔。可因为你自己不喜欢与原来的同事保持联系，路就会越走越窄。

　　所以，我们要主动和一些老同事常联系，这样可以从你以前业务关系最直接的同事开始，甚至从你的老板开始。联系的形式不见得要隆重，比如你可和以前的同事分享自己高兴的事。这里提醒一句，千万不要以为你高兴的事情与别人

无关。其实，人与人之间关系的增进就是这样开始的，你能把高兴的事与同事分享，慢慢地你们就会成为朋友。另外，过年、过节发个短信送个祝福；有危难时寄去一份安慰，这都是很好维系人际关系的方式。不要有事需要用人，才想起和同事、朋友联系，这是人际关系交往中最忌讳的。

潇洒职场是一门涉及现实生活中各个方面的学问，要掌握这门学问，抓住其本质，就必须对现实生活加以提炼总结，人们才能有章可循，而不至于茫然无绪。

在职场，要摆脱人与事的困境，就难免要求人，求人有人就难免要低三下四，但着眼于未来的成功，使我们就要有一些隐忍，在一定的时候，就要放下架子，该屈就屈，能屈能伸，以屈为伸方为英雄！久历职场，练达人情之人都守一个"退"字。退是一种谋略，退是一种交换，更是一种维系生存的手段。凡遇大事需要有平静的心态，平心静气是一种境界，一种气度，一种修养。冷静之中的决定往往是摆脱困境的最佳方案，同时冷静也是一种智慧，以静待变，乱中取胜。你要是到了一个新环境，要知道欲玩转这块地就要用点心思，知道人心是慢慢获得的。

一位新到职的经理，在原先的单位以能干、负责、工

作丝毫不马虎著称，他做起领导来也是有板有眼的。当他初来到单位，使人意外的是他表现得像个真正的职场新人，一言一行非常规矩，对别人称呼也非常尊敬。他调到新单位其实也是属于一种升职，到了这里级别和部门经理是一样的，而且由于开放式办公室的原因，两个人的座位也是不分主次的，有"并肩作战，并驾齐驱"的感觉。既然两个人彼此都是同级，而且年纪也差不多，但他总是对对方以礼相待，好像生怕随时会犯什么错一样。从他到这里来以后，大家都觉得他做事情很稳重，他也确实没有在工作上出过什么差错。他也更不会擅作主张，有什么事情必定要先要和身边的经理商量过，或者至少告知一声——哪怕是无关紧要的事，这也显得他对部门经理的尊重。也许大家觉得他这样小心翼翼地为人处事有点太过，其实他正在察言观色、熟悉环境，这样不知不觉他也能在大家心目中树立起了良好的形象。这种影响是潜移默化的，留给同事的好印象也是根深蒂固的。

在人海中，如果我们不想孤立，那么就学会如何与同事相处。虽然林子大了什么鸟都有，但要知道，在人际交往中往往是互利互惠，你帮助了别人，就是在为自己的人情信

用卡储蓄，特别是在人患难之际施与援手，救落难英雄于困顿，其回报是不言而喻的。人际关系就是一种生产力，如果你身边有一群愿意帮你的朋友和同事，那就是你的财富。你事业或职业就可能出现新的转机，尤其是在最关键的时刻，或许因为朋友的一句话，你就会有个更好的工作。你积攒的同事越多，人际关系的资源也就越丰富；你在职场就玩得越转，人在职场也就越潇洒。

第三节　抓住时机

我们每一个人都有自己的发现能力，就是一个平庸的人，如果肯想、敢想，他也会惊奇的发现。当他会用自己的能力去拿捏当下事时，他自己就会渐渐具备把握成功的能力，他迟早定可以成为成功的人士。成功有时是用斟酌事情所流的汗水来浇灌的，只有通过自己对眼前事情的把握，美梦才会成真。所以拿准当下，在恰当的时候适时出击，你有智慧的证明就是你把握机会的能力，可以用"拿准事情、把持成败"的能力来打造你不同凡响的人生。

该出手时就出手

　　在做事的时候抢占机遇在所难免，抓抢机会时有发生，有句话叫"先下手为强，后下手遭殃"，所以聪明人总是随时准备先下手，该出手时就出手，因为他们知道先快人一步就会胜人一筹。

　　成功者做事情总是敢走在他人的前面，成为勇敢的弄潮儿。当重大决定出现在他面前要他定夺时，他们明白只有迎难而上、主动出击才能解决问题。因此，"该出手时就出手"是他们处理事情、做出决定的做事风格。

　　在当下，该出手时不出手，你就会贻误时机，错过机

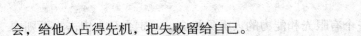

会，给他人占得先机，把失败留给自己。

一个信奉佛祖的人被洪水逼到了岌岌可危的房顶，但他很是坦然，因为他相信菩萨会来救他的。

一块大木头漂了过来，他想抱过木头，可他又想菩萨会来救他的，在犹豫之际，木头被另一个人抓去了。

过了一会儿，他又看见一艘救援的皮艇，皮艇上只有一个位置，他没有抢先占到那个位置，因为他相信菩萨会来救他的，他旁边的一个年轻人见状跨上了皮艇。

不久，他看见一架救援的直升机，他正想呼救，由于他还是相信菩萨会来救他的，呼救就有了一分迟疑，救援的直升机发现了另一处呼救的人群，根本注意不到了他最后的呼喊。他被洪水冲走了。

他被洪水淹死后来到地狱，他在见菩萨时责问道："我对你如此的忠诚，在我面对死亡的时候你为何见死不救？"

菩萨回答："我先给你派去一块木头，又给你派去皮艇和飞机，是你自己不愿上去，这哪能怪我呢？"

有些事情，"先下手为强"就是真理，虽然比别人慢不见得就会落个遭殃的下场，但是难过后悔是不可避免的。

一个有眼光和能力的人看见机会，一定会马上出击，否则要是动作慢了机会就会被别人捷足先登。在当下，落后别人有时就要被别人牵着鼻子走，可能会被别人玩弄于股掌之间，总是处于被动的地位；落后就要被人鄙视，让你活得没有尊严，你跟别人交流你都会显得气力不足，就会因为自己的"下手慢"而自卑！所以，最早爬到山顶的人有最早看到风景的豪气。

北京一家公司生产一种叫作："一坐爽"的冰垫。由于垫内有一种天然矿物质和多分子材料合成的特殊的"冰"，这种"冰"的相变温度在26度到30度之间。当人体与坐垫接触时，垫内的"冰"慢慢融化，即刻会感到凉意和清爽。奇怪的是，三九刚过他们就打了一个广告："今年夏天特别凉，四十多元买空调。"广告刚一播出，立刻电话不断，外地经销商纷纷订货，生意一下子火爆起来。他们开春干了夏天的事，把其他同行业的企业远远地抛在后面。

原来，一入夏季，怕热的司机、怕热的百姓为了讨凉快，花上四十余元，就能让屁股底下透心凉，就像装了台"空调"似的。但这家公司的冰垫一直只限于北京地区销

售，每年也能有200万的销售额。一个偶然的机会，安徽的一个小伙子进了几万块钱的货到合肥去卖，没想到买卖特好。这一下也就启发了这家公司，中国这么大，起码也得有好几百个城市，何不开春就打出个广告，把经营凉垫跟天气预报似的告诉大家，总比坐在北京守株待兔强呀。于是，从来不舍得花大钱做广告的公司老总，该出手时就出手了，打了这样一个超时差的广告，没想到效果还真好。

"有花堪折直须折，莫待无花空折枝。"在可能的情况下，做事还是要趁早出手，免得在你等待之时，机会已经落到他人的头上了。

NBA的火箭队在缺少主心骨姚明，有时甚至缺少麦迪的情况下，也取得了不错的战绩，为进入季后赛奠定了基础。在一次与山猫的比赛中，凭着霍华德和威斯利的出色发挥，与山猫队硬扛了两个加时。比赛中，火箭场上队员在内线明显吃亏的情况下，相互配合，进攻打得有板有眼。大家相互鼓励。众志成城。在比分差距拉大时，老将威斯利挺身而出，稳扎稳打，敢于出手。在他的感染下，两位新秀硬是拼出压哨三分球将比赛拖入两个加时。

　　这场本不被看好的比赛却打得紧张激烈、扣人心弦。是因为火箭这一帮人在姚麦不在场上时不奋力拼搏，挖掘自己的潜能，充分展示自己，该出手时就出手，有一种放手一博、虎虎生风的霸气。该出手时不出手，你纵有十八般武艺，你不展示出来，做事情就不会如你所愿。因此，有了能力，更要敢于、善于表现自己，找准时机，该出手时就出手，轰轰烈烈地干一场，然后才会春风得意马蹄轻，让人刮目相看。

　　每一次机遇的到来，对于每一个人来说都是一次严峻的挑战。它不仅需要你有坚实的功底和知识储备，更需要你在看到机遇的时候拿出拼搏和应战的勇气来。许多人之所以让机遇白白溜走，就是因为在紧要关头他没有接受挑战的勇气。要成功，便要走一条踏踏实实的路，这是许多渴望成功的人都明白的一个道理。

　　众所周知，成功还需要出手及时，有的人因为及时抓住了机遇而摘取了成功的桂冠；有的人因为慢出手而与机遇擦肩而过，面临"山穷水尽疑无路"的窘境，他们常为错过机遇抱憾终生。比尔·盖茨说，想做的事情，立刻去做！当"立刻去做"从潜意识中浮现时，人就要立即付诸行动。犹如初学打枪的人，端起枪要扣动扳机时，都会因为枪的响声而心生恐惧，很难长时间秒准目标，瞄准只是瞬间的事，因此很多人不知道该是什么时候扣动扳机，他们往往害怕在自己扣动扳机的瞬间，自己会失去目标。因此，更多的打靶新手关键不是他瞄不准，而是他们不知道自己该在什么时候扣动扳机。如果能壮大胆子，在瞄准的时候勇敢地扣动扳机，反复练习后，这样就会练成一个神枪手。无数事实证明，要我们取得成功，就要有"该出手时就出手"的那份斗志。

所以，在每天我们要激励自己该出手时就出手，每天把要做的事事前都准备好，不浪费每一次机会，要认真做好每一件事情，一旦出现机遇的时候，你就会有足够的能力和基础抓住它。

先下手是要从多方面入手的：先卖人情与人占的人心、抢占市场和资源、准备好迎接运气的条件和制订对机会的围追堵截的策略。如果你要成为一个真正成功的人，就要先下手为强。在其他条件一样的情况下，先下手者就会占据很多先机。有些人本来可以在其所从事的领域中一枝独秀，独领风骚，却被那些技不如己的人抢先一步，不仅使有能力的人失去机会，更会使浪费社会既有的资源，会使很多人扼腕叹息。

机会总是青睐有准备的人

　　中国有一句俗话"种瓜得瓜，种豆得豆"，它告诉人们，所有好的结果都需要你事前的精心筹划，事前要进行铺垫。要想获得机会和运气，每天将成功寄于好的机遇是无可厚非的，但很多人在每天中却总是痴等着成功，他们不知道在这痴等的时候，成功有时会与他们擦身而过。殊不知，成功的来临固然重要，然而通过个人努力如何抓住成功更为重要。倘若不做任何努力，仅仅幻想成功从天而降，那么纵使成功真的来到你跟前，你不会抓住它也无济于事。

　　鲍威尔是一个黑人，这在美国是受很多人歧视的。他的第一个工作是进一个大公司当清洁工。与其他清洁工不同

的是，他做每一件事都很认真，也在自己的工作上动一些脑筋。他很快找到一种拖地板的姿势，拖的又快又好，又不容易累。老板观察很长时间后断定这人是个人才，然后很快就破例把他提升上去了。鲍威尔在改进拖地姿势时，可能他的目的不在于后来的提升，但他的提升恰恰缘于对于拖地的改进，这就是"种瓜得瓜，种豆得豆"。

当然，也有人说，人做事常常是"有心栽花花不活，无心插柳柳成荫"。"种瓜得瓜，种豆得豆"就是激励人说，"花"不易栽活，那么我们在插柳的同时更常去栽花，花栽多了，总有能活的，回报也是迟早的事。因为花难活你不去栽，它就没有活的可能。

希尔顿饭店集团老板原先是一家旅店站前台的服务员。有一天，一对夫妇来住店，可是房间已经满员了，当时的时间已很晚了，外面还下着大雪。怎么办呢？前台的服务员正好那天值夜班，善良的前台就把自己的房间腾出来，换好干净的床单、枕头，收拾好后让这对夫妇去睡，而他自己却趴在柜台上睡了一夜。

第二天，老夫妇很感动，认为前台这个青年人很不错。

　　没有想到的是，这对夫妇就是希尔顿饭店的老板，而且膝下无子，于是这个前台就做了希尔顿家族的接班人。

　　你所做的事，效果可能不会立竿见影，但只要你曾经做过的努力，也许很长时间后你才会有一份收获而且是意想不到的。也许就是你一句无意的话，你得到的就是很大的帮助。种瓜得瓜，种豆得豆，种庄稼是播什么种收什么果。其实对人和做事也是一样的道理。你对别人投以微笑，别人也会给你微笑；你对别人不满，别人也会不满意你；你帮助别人，别人也会帮助你。一切的一切都是相互的。正如每个人都有成功的愿望，但很少有人坚持为成功做准备，他们不知道自己去"种瓜，种豆"。大多数人不经意间把时间花在追求事情的结果上，所以当失败来叩击他的门时，他就会手忙脚乱，怨天尤人。

　　为什么说有的人善于把握成功，因为他们有时刻"种瓜，种豆"的准备，这样，他们就不会让成功在今后的生活中溜走，而那些丧失成功的人就是因为他们没有做充足的准备来培育机遇。从成功的来源来看，成功看似偶然，其实是必然，因为只有用理论充实自己、提高自己，才能想办法把机率扩大。人生的赢家和输家差别在于事前的准备上：每天

花几分钟阅读、多做一些研究、多做一次试验、多修改一下方案等。种瓜得瓜，种豆得豆，如果一个人能把眼前所有精力都投入到对未来事情的准备上，他必然会有所成就。

在当下，如果我们总是无动于衷，不仅让时间一点点流逝，也会使眼前的机会也一次次的溜掉，更谈不上对以后的计划，所以应该在眼前给自己的人生做一些准备。那么，该做什么样的准备呢？所谓准备是指为成功而长期进行的坚韧、扎实的知识储备和辛勤刻苦的劳动以及在成功到来时的全力拼搏和冲刺。每个人的现实情况都不一样，做准备的过程就会不一样，但是，想要的结果都是一样的，那就是：寻找成功，在成功来临时伸手抓住它。机遇只同积累了优势的人交友，只与做好了准备的人握手。

对于那些没有准备的人，就不要抱怨上帝没有给你成功，其实一开始你就已经输了，这是很多人都能预知到的结果。因为一个人对前途没有规划，一直在游离不定，直到他失败的时候才依稀看清了该走的路，可已经晚了一步。但是，如果意识到自己的错误，那么，一切也是可以继续的，就怕有些人从头到尾都没有意识到成功是留给有准备的人。

所以，法国微生物学巴期德曾说过："成功只偏爱那种

有准备的头脑。"由此可见主观努力的重要性。在哲学上，主观努力是内因，成功是外因，外因只有通过内因才能起作用，能否抓住成功，利用成功。最重要的在于一个人前期的心理品质、思想素质和文化水平的修炼，正所谓"种瓜得瓜，种豆得豆"。正因为这样，牛顿能从落在他头上的苹果这一现象里发现万有引力规律；正因为如此细菌学专家能在发霉的培养液里发现青霉素；也正因为这样，爱迪生能在千余种材料中找到适合做灯丝的材料……这些成功在旁人眼里无一不是成功，认为这些成功纯属巧合。但数千年来不知有多少人被苹果砸中过，不知有多少人见过发霉的物品，不知有多少人与各种金属材料、植物纤维打过交道，但他们发现不了万有引力规律、青霉素和灯丝，并不是没有成功，而他们没有抓住成功。

种瓜得瓜，种豆得豆，成功的可求，在于人们主观努力；成功的不可求，是由于人们的不努力；成功能否抓住，关键在于人事前的努力。企盼成功是每一个渴望成功的人的共同心理，但是，并非人人都有抓住成功的能力，这种能力的锻炼，就是必须脚踏实地做好眼前的准备工作，以至于到后来在机会来临的时候，能有勇敢冲刺、迎接挑战的能力。

学会放弃

世间有太多的美好的事、美好的物、美好的情，为了获得这些，有的人在忙忙碌碌中终其一生，有的得到了，有的失去了，有的在经历了许多年执着之后还是抱憾终身。他们的一生在夕阳易逝的叹息中生活，在花开花落的烦恼中度过。他们对于已经拥有的美好，又往往因为害怕得而复失而存在一份忐忑与担心。他们不明白这样一个道理：追求固然是积极的，但占有却不一定是明智的，一个人可以追求自己想要拥有的东西，但是，如果把你拥有的东西或者是没有拥有的东西据为己有，这就是一种不正常的心态。学会怎样放弃

才是明智的选择，也是一门应该学习的知识。

在亚马孙热带丛林里，巴西人用一种奇特的狩猎方式捕捉猴子：在一个固定的小木盒子里面装上猴子爱吃的果子，盒子开一个小口，刚好够猴子的前爪伸进去。猴子一旦抓住坚果，爪子就抽不出来了。人们常常用这种方式捉到猴子，因为猴子有一种习性——不肯放下到手的东西。

我们在嘲笑猴子很蠢的同时，还要更多地想想我们自己。看眼前的一些身边人，也许你会发现：很多人也会犯和猴子同样的错误。因为我们有好多人放不下到手的东西，有的人整天甚至为名利东奔西跑，荒废了眼前的工作也在所不惜；有人放不下诱人的钱财，成天费尽心机，利用各种机会想捞一把，结果却是作茧自缚；有人放不下对权力的占有欲；有的人热衷于溜须拍马、行贿受贿，他们在眼前不怕丢掉人格的尊严，但在事件败露之后却又后悔莫及。

眼下，我们每个人都在追求，追求自己的梦想、事业和家庭。有追求是一种很积极的心态，我们提倡这种积极的心态。但是，你有没有想过，追求是一种选择，放手也是一种选择，更是一种变通。就是以另一种角度去追求，选择放手，因为放手不仅是我们在追求时的一种明智选择，也会让

我们有一种如释重负的轻松。

有一个小孩子，自得其乐地在客厅玩耍。但是，他的手却插进了放在茶几上的古董花瓶里。花瓶是上窄下阔的，所以，他的手伸了入去，但伸不出来。爸爸用了不同的办法试着把卡着了的手拿出来，但都不得要领。因为他稍为用力一点，小孩子就痛得叫苦连天。在无计可施的情况下，爸爸把这个价值连城的古董花瓶打碎，因为这是唯一救儿子的办法。

原来，小孩子的手不是因为太大，是因为他紧抓着一个玻璃球，拳头就张不开。他是为了拾这一个玻璃球，所以令手卡在花瓶的口内。小孩子的手伸不出来，其实，不是因为花瓶口太窄，而是因为他不肯放手。

放开那些不切实际的东西是一种明智的选择，但是生活中的放手不是那么容易的说放就放。当我们以一种平和的心态来对眼前的得失，就能使我们生活更加轻松。我们说放手，并不是让你放弃，而是坚信理由去追求，追求你选择的人生。但是，要知道能进能退，你不能在面对任何事情的时候，都不舍得放手。或许你认为放手就代表着失败，那么，这种想法会让你的路越走越窄。

　　放手是相对的，是一种明智的选择，要明白何时需要放手以及如何放手。这样，你便会远离生活中的一些烦恼，真正生活洒脱。从小就有很多人教育我们：不要轻言放手，要学会坚持。但是，坚持的前提是必须有意义，如果你坚持的是一件没有任何意义的事情，甚至这件事情会给别人造成伤害，那么放手就是最好的选择。比如追求一些不切实际的东西、一些坏习惯或者继续做着没有任何价值的事情。放手，却实是一件令人犹豫、彷徨，甚至痛苦、绝望的事，它难以把握。在此之前你可能为了某个目标苦苦奋斗、追求了多少年；或者你正在一帆风顺、如日中天时叫你急流勇退。这时的放手说起来容易，而在做时从来不知如何处理了。

　　人的一生中有太多的事情需要我们去做，我们不可能将每件都做好，调整自己的心态与感受，处理自己做人与做事的方式，拿得起也应该放得下。生命中有太多的物欲和虚荣的话，生命之舟就会在中途搁浅或沉没，把那些可放下的东西果断地扔掉，轻载才能扬帆远航，这就叫"该放手时就放手"。

第四章

要有拼搏精神

第一节　坚韧不拔，百折不挠

一个人想专注做一件事，但在这物欲横流的时代，外界实在是有太多的诱惑了，这使人做事缺乏专一。在当下，恒心与毅力的修炼不再停留在对于肉体的磨炼，你还要修炼对于诱惑的抵制能力。对一件事的坚持，官位、金钱、美女、流言会使你做事半途而废。但无论你从事哪个行业，唯有坚持才能成功。心有韧性，在于有恒心，有毅力。那么，我们就应该培养自己的恒心和毅力，使自己在困难挫折面前能够坚持，坚持，再坚持。

坚持不懈

很多人不明白要走多少步才能到达胜利的终点，也没有人清楚沿途会遇到多少挫折。但是，有雄心壮志的人不会因此就停步不前，因为这停步不前本身就是做事最大的潜在的危机。一个成功者不应该有"不可能""办不到""没办法""没希望"等想法。我们要避免自己有这样的念头。一旦出现这样的念头，就要立即用积极的信念战胜它们。

事实上，我们只要放眼未来，勇往直前，不理睬脚下的障碍，坚定必胜的信念，我们就能够在沙漠里找到绿洲。这就是有必胜的信念。有了这种信念，我们无论遇到什么困难，不管

要做出多大的付出，我们都会勇往直前，直到成功。

在困难挫折面前，我们要用坚定的信念鼓励自己坚持下去。不把每一次失败看成是对自己的打击，而是当成又多了一次磨炼，获得一次成功的机会。"失败是成功之母"，每失败一次，再失败的机会就少了一次，成功的机会就增加了一次。我们要相信，挫折只不过是成功路上的弯路而已，成功往往就在拐过弯处，不要因为拐弯看不到前方就放弃，否则那将会成为人生的遗憾。

要做到坚持不懈，除了必胜的信念外，最为重要的就是毅力。毅力是成功之本，是一种韧劲的积累。毅力的表现往往是一个人在挫折中所展示的惊人力量。有了毅力，人们就不会向挫折和困难低头。

那么，怎样才能拥有恒心和毅力呢?有人总结以下几个方面，叫你必须在成功的道路上坚持到底。

1.对眼前和今后事都坚定的信心

只有对眼前和今后都坚定的信心，才会不畏人生旅途中的困难、挫折和失败，积极奋斗以克服困难，战胜失败；相反，如果信心不足，就会在困难、挫折和失败面前走回头路。因此要有毅力，一定要培养信心。

2.对眼前的事有强烈的愿望

愿望是人们行动的出发点，一切活动都发源于愿望。弱小的愿望因为弱小，常被旅途中的风风雨雨吹灭，行动没有毅力；相反，任何风风雨雨都不能使强烈的愿望熄灭，除非生命停止。"舍得一身剐，敢把皇帝拉下马""生命不息，冲锋不止"，这些都是强烈的愿望。

可见，只有愿望强烈，才能拥有顽强的毅力。要活得有价值，就必须有强烈的成功愿望；要成为富翁，就必须有强烈的发财愿望。只有这样，我们才会有强大的毅力，无论前途多么曲折艰险，都要义无反顾地坚持下去。

3.眼下有明确的目标

眼下有了明确的目标，我们的行动才有方向；有了明确的目标，我们才会被它的吸引力牵引着不断向前迈进。

很多人虽然有成功的梦想，但由于没有将这种梦想用明确的目标体现出来，因此行动很茫然，精力不能集中在一个点上，常常东一榔头西一棒槌的，行动的效率很低，天长日久不见成效或效果不明显，就容易灰心泄气，不再坚持下去。明确眼下具体的目标使我们知道该做什么，该怎么样做，而且容易看到积极行动的效果，预见美好的未来。因

此，能够坚持不懈地做下去。

　　另外，目标价值的大小也影响毅力的强弱。如果目标价值不大，或者根本就没有价值，人们就没有多少兴趣、热情去做。因此，目标价值不大，就很难有毅力。所以，在行动之前，我们要先确认目标价值大小，选择价值大、有长远价值的事情做。这样，我们才能充满热情、充满希望地干下去，才有强大的毅力，恒心就是这样练就的。

　　4.眼下有明确的计划

　　有了明确有价值的目标，并对目标进行分解，将要干的事具体到今天，明天，下一周，下个月，下个季度……只有这样，我们才能按照计划行动，目标才有意义。否则，对于一个笼统的目标，我们的脑子将会茫然一片，无处下手。有了具体的计划，我们就知道先干什么，后干什么，在什么时间干什么。一切心中有数，才会心里不慌，行动才有效率，对所干的事情才有信心、有毅力。

　　5.有一份积极

　　计划做出来了，但要积极行动，才能将梦想变成现实，否则只惊叹于梦想的美好，惊叹于计划的完美，那么梦想只能成为虚无缥缈的幻想，计划只能是一张废纸而已。这就好

比登山，如果你被山的挺拔险峻吓倒，停步不前，你就不能领略山顶的风光，更不能体会"一览众山小"的感觉。登山，你唯一要做的就是选择好登山路径之后就立即行动，一步一步地去缩短与山顶的距离。走一步，增加一分信心，产生一分毅力。

总之，恒心是很多因素共同作用的结果，包括愿望、信心、目标、计划、行动等，将这些环节处理好了，我们就会拥有顽强的毅力。

"有智者，事竟成。破釜沉舟，百万秦关终属楚，苦心人，天不负，卧薪尝胆，三千越甲可吞吴。"我们每个人都有自己的梦想，都想成就一番事业，而这里边一个很重要的因素就是要有恒心，持之以恒方能达到最终目的，想那些成功人士的背后总会有一个恒字的。恒心是一种精神，一种态度，更是一条道路。这就要求我们做事要有恒心，要去克服困难，有一种做不到最好决不罢休的韧性。难成大事的人，常常缺少坐冷板凳的耐心，这是成大事业的人与平庸的人的区别。

直面挫折

　　生命里程中永远存在着障碍，不会因为你的忽视而消失。当你因为某件事而受到挫折时，不妨想想爱迪生在给整个世界带来光明前的那一万次的失败。功成名就的人常常以其恒心耐力获酬甚丰，作为直面眼前的挫折的补偿，不论他们所追求的东西是大还是小，他们都能如愿以偿。他们还将得到比物质报酬更重要的经验："每一次失败都伴随着一颗同等利益的成功种子。"爱迪生的直面挫折在于他知道有价值的事物是不会轻易取得的，可事实又不是像说的那样简单，他要一个人在痛苦中忍受长时间的煎熬。爱迪生正是因

为他能坚持到一般人认为早该放弃的时候，才会发明出许多当时的科学家想都不敢想的东西。

将成功者和失败者进行比较，他们的种种方面都很可能相同，但是有一个例外，那就是对遭遇挫折的反应不同。处于逆境的弱者跌倒时，往往无法爬起来，他们甚至会跪在地上，以免再次遭受打击；而处于逆境的强者的反应则完全不同，他们被打倒时，会立即反弹起来，并充分吸取失败的经验，继续往前冲刺。处于逆境的弱者的忧虑及失败感使精神难以集中，绝望的心情也可能会使他们放弃及逃避奋斗、躲避眼前的挫折。他们不能在奋斗中体验满足，缺乏克服困难的持久力。但是，一个有成功特质的人能经得起挫折的考验，能从面对的挑战中获得满足感，所以他们更能自发持久地面对困难，同样，他们更容易取得更高的成就。

胡里奥20岁时，他驱车向马德里家中驶去。驶到一个急转弯处，汽车一个跟头翻到了田里。胡里奥感到胸部和腰部急剧的刺痛，伴随着呼吸困难和浑身发抖。神经外科专家诊断是脊椎出了问题——胡里奥瘫痪了。他被送到一个治截瘫病人的医院，脊柱检查发现：他背上在第七根脊椎骨上长有一个良性瘤，随后做了外科手术把瘤摘除。但是，胡里奥回

家后腰部下面仍不能动弹。医生说胡里奥在几年后可能会恢复一点活动能力，但要锻炼。事后胡里奥虽然不停地锻炼，但是进展缓慢，锻炼也使得他筋疲力尽。胡里奥很绝望，这时，有位护士得知他在锻炼时的枯燥和无聊，就给了他一把吉他，胡里奥开始无目的地拨弄起来。他发现这种乱弹乱奏给他消除了忧虑和无聊，这种乱奏引发他跟着哼起来，后来试着唱出几句，使他高兴的是，自己的嗓音还不错——这些给他恢复了锻炼的信心。

没多久，胡里奥能站在地板上了，他能手抓着他家里楼梯的扶手，费力地试着举步上楼，尽管这样的练习使他气喘吁吁。但他总算抬起了迈向康复的第一步。

为了加强身体其他部位的锻炼，他沿着门厅不停地爬行四五个小时。在他家的消暑住地，他挂着拐杖沿着海滩缓慢费力地行走，而且每天早上，他在地中海里疲倦不堪地游上三四个小时。到那一年的秋天，他能换成挂一根手杖行走。几个月后，他把手杖也扔到了一边，每天能慢行10公里了。他面对挫折的不屈态度使他奇迹般地康复了。

　　胡里奥是一个能敢于面对挫折的人，他的事业经历更能说明这一点。在作为一个世界性的音乐家前，公众对他的接受有一个漫长的过程。在他用歌声征服拉丁美洲听众的过程中，他首先得征服他的村民们，使他们知道胡里奥是谁。他在巴拿马时身无分文，只有露宿在公园的长凳上，就在这种情况下，他也没有怀疑过美好的明天在向他招手。他身体上的复原让他决心不放弃任何梦想。1972年，《献给佳丽西娅的歌》结束了黑暗的日子，这首歌跳动的民间节奏，使得它流行于整个欧洲和南美。

　　1981年，胡里奥写的自传《在天堂和地狱之间》一书中，他描述了自己婚姻的破裂，其痛苦的程度不亚于那次瘫痪。他体会到了失败，陷进了深深的绝望之谷。他得做出超人的努力来面对观众。那时，他觉得自己的双腿又瘫了，可一位精神病医生对他说是他的思想出了问题："你应该像从前那样，把自己投入到事业中去。"有位医生建议："继续你已开展的事业——不达顶峰不罢休。"

　　有了这些鼓励，胡里奥又开始直面眼前的挫折了。从

那以后，他严格遵守医生的指导，时刻不忘20年前的自我疗法：每天要比昨天多迈出一步。

胡里奥用世界上六国语言演唱的唱片已经销售了10亿多张，使他获得《吉尼斯世界纪录》创办者颁发的"钻石唱片奖"。《法国晚报》曾赞扬他为80年代的一号歌星。歌剧明星普拉西多·多明戈这样评价这位富有激情的西班牙歌手："胡里奥达到了每个歌唱家梦寐以求的造诣，既会唱古曲的，又会唱通俗的，他打动了所有观众的心。"

胡里奥假如没有直面眼前的挫折，那么今天他可能只是一个默默无闻的残疾人。

事实上，我们不管做什么事，不仅需要深思熟虑后的果敢决定，更需要有一种为实现自己的决定而做出无悔地不懈地努力精神。没有这种精神，我们又何能成就大事？因此，我们必须明白一个道理：唯有百折不回者，才能抵达成功的彼岸。

我们每个人都得对付那些令人头痛的、失意的事情。我们暂且把地位问题放在一边，为了成功，你必须具有耐力。一位有名的拳击家在他的《再战一回合》中写道："再战一回合!当你双脚站立不稳，马上就要跌倒的时候，再战一回合!

　　当你筋疲力尽，无法抬起双臂防御对手的进攻时，再战一回合!有时，你被打得鼻青脸肿，无力招战，甚至你希望对手干脆猛击一拳将你打昏过去时，此时此刻——再战一回合，记住：一个常常'再战一回合'的人是不会被打垮的。"他告诉人们：直面眼前的挫折就是迎取成功。

坚持总会成功

我们发现，成功的人都有一种出人头地、不甘碌碌无为的强烈愿望。在他们当中，这些人之所以能成就非凡，并非与是否接受过正规的学校教育有关，也并非因为他们具有与众不同、智慧超群的聪明才智，真正促使他们走向成功的，恰恰是另一种要素——那就是一种坚定成功的信念和坚持到底的决心。坚持会引导你的事业走向成功，而成功的事业又将成为你迈向更大成功的坚实基础。它给你动力，让你获得强大的能量勇往直前。

"锲而舍之，朽木不折；锲而不舍，金石可镂。"我们

梦想着成功，那么不能只梦想，而是要看准了目标就行动，并一如既往地坚持到底，成功就是必然的事。美国作家鲍勃·摩尔在他的《你能当总统》一书中讲述了这样一个故事：

世界著名的游泳能手弗洛伦丝·查德威克在两年前成功地横渡了英吉利海峡之后，准备再次横渡。这天，当她游近加利福尼亚海岸时，寒冷刺骨的海水冻得她嘴唇发紫，全身不停地打寒战。远方，迷雾重重，看不到海岸，身边只有一条随身的小船。查德威克感到难以坚持，便向伴随着她的小艇上的朋友请求道："我不行了，快把我拉上来吧。"

艇上的朋友劝她："只有1英里远了，坚持一下，再坚持一下就到了。"

浓雾使她看不到海岸，她以为队友是在骗她，再三请求道："把我拖上来吧。"最终，查德威克就在离终点1英里远的地方被拉上了小艇。

当时，冷得发抖、浑身湿淋淋的查德威克告诉采访她的记者说："如果我当时能看到海岸，那么我就一定能坚持游到终点。是大雾，是大雾使我看不到方向，感觉不到希望的存在。"

其实不是大雾阻止了她的胜利，事后的查德威克认识到，真正使她向失败低头的是她内心的疑惑，是自己让大雾挡住了视线，迷惑了她的心。她首先是对自己失去了信心，然后才被雾"俘虏"了。

中国有句古话："行百里九十半。"开头容易收获难，前面容易后面难。在向着目标奋斗的过程中，遇到困难挫折是必然的，越是接近辉煌的地步越是如此，所谓"黎明前的黑暗"，其寓意就在这里。这个时候，成功者运用毅力，顽强地奋斗，使困难变成机遇，从而迈向了成功。失败者则缺乏毅力，眼前无路就想回头，他们缺少坚持的勇气。

第一架飞机的制造者兰格力1930年作第一次飞行时，飞机掉到了水里，四周充满了讥笑声。失败的消息登在第二天美国各报上。但兰格力不灰心，他相信毛病不在飞机，要求再试一试。然而第二次试飞，由于一根绳子挂着了飞机的尾巴，飞机倒冲入水里，兰格力本人差一点儿被摔死，飞机从水里拖上来时早已破碎不堪。翌日一早，美国全国各报都嘲笑他是"傻子"，教会的牧师们认为这是亵渎了上帝，说"如果上帝的意思是叫人飞的，早就会替人生两个翅膀。"

有些守旧的科学家也说，地心吸力是不能战胜的。政府也断然拒绝了他再次试飞的要求，尽管兰格力是在讥讽中郁闷死去，尽管他的飞机放在华盛顿的国立博物院之初仍被人围观和嘲笑，但正是这架飞机，带着兰格力的创造和坚持，被后人送上了天，从而圆了人类在空中飞翔之梦。

　　不能坚持到底，只能被成功所抛弃，从来没见过做事半途而废的人能成功。世上最不能成事的人就是做事半途而废的人。

　　坚持，就是成功，成功就这么简单。仔细想想，我们的人生为什么平淡无奇，波澜不惊，就是因为我们不能持之以恒，就是因为我们常常半途而废。古代思想家荀子说："骐骥一跃，不能十步，驽马十驾，功在不舍。""不积跬步，无以致千里。不积细流，无以成江海。"成功从来都不是一蹴而就的，成功是一个过程。"水滴石穿"，不是水滴有多大的力，而是数十年朝着一个地方落下的结果。因此就要学会持之以恒，只要能坚持到底，总有山花烂漫时。

　　成功者之所以成为成功，不是他们有超凡的能力，而是因为无论大事小事，无论遇到多大的困难和挫折，他们都咬紧牙关挺了过来，所以最终他们成功了，取得了人人梦想的

成功。而很多人一辈子落魄，不是因为缺乏能力，而是不能坚持，常常半途而废，大事坚持不了，小事不愿坚持，于是在困难挫折面前便早早地败下阵来。

　　活在当下，你在工作中难免遭受挫折，甚至是失败，你唯一需要的就是坚持。很多时候，成功就差那一点点坚持，很多成功者就是在他人放弃的时候自己仍然坚持。所以，千万不要让形形色色的"迷雾"遮住你的双眼，不要让生活的迷雾"俘虏"你。无限风光在险峰，越是到了紧要关头，我们遇到的困难就越多。这时候，我们要咬咬牙，云开日出的美景就会呈现在我们眼前。

第二节　积极乐观的精神

　　我们是以积极乐观、勇于拼搏的态度去正视困难，化压力为动力，还是以悲观失望、听之任之的消极态度来对待困难？这两种态度造就两种不同的人生。有一种真正拼搏的精神，做事才会有条不紊，这也是人世间最美的经历。"不经历风雨，怎么见彩虹，没有人能随随便便成功。"让我们共同以拼搏的态度去创造人生。

学会转弯

　　雪松上落满了厚厚一层雪，不过，雪积到一定程度，雪松那富有生气的枝丫就会向下弯曲，直到雪从枝头滑落。这样反复地积，反复地落，雪松完好无损。可其他的树就没有这个本领，他们不能弯曲，树枝常常就被积雪压断了。同雪松一样，我们每一天对于外界的压力挫折要尽可能地去承受，在承受不了的时候，要像雪松一样，学会弯曲，学会给自己减轻压力，这会让郁闷的心情豁然开朗。

　　很多人感到生活没有了激情，这是因为他们以为自己的生活到尽头了，实际上我们停下来，换种方式想问题，就会

发现生活就是"走"出来的，任何人都不会有真正活不下去的时候，只是自己学不会转弯，转弯就能为自己找条更有希望的生活之路。

克里斯朵夫·李维以主演大片《超人》而闻名于国际影坛的。然而正当他在好莱坞春风得意之时，一场飞来的横祸改变了他美满幸福的人生。原来，他在参加一场激烈的马术比赛中，意外地坠落在马下受伤，他被马摔成了一个残疾的人。几乎是转眼之间的事，这位世人心目中的"超人"和"硬汉"形象化身的他，从此成了一个永远只能固定在轮椅上的高位截瘫者，当他从昏迷中苏醒过来对家人说出的第一句话便是："让我早日解脱吧。"

出院后，对于生活的突然变故，他试着用各种方法去安慰自己，但这都无法平缓他肉体和精神的伤痛。

人生的转机往往只是在于一次偶然。有一次，他的车正穿行在曲折的盘山公路上，克里斯朵夫·李维静静地望着窗外的风景，美丽的景色不能再唤起他对生活的激情，他的心依然沉寂在这次灾难的痛苦中。突然，他注意到：每当车子即将行驶到无路的关头，路边都会出现一块交通指示牌：

"前方转弯"。警示文字赫然在目，而拐过每一道弯之后，前方照例又是一片柳暗花明，豁然开朗的境地，风景可能比原先更好看。山路弯弯，峰回路转，在他面前变换的是一幅幅不同的风景。"前方转弯"的指示牌一次次地冲击着他的眼睛，这也渐渐叩醒了他的心扉，他对现在生活的感悟突然有了一种灵感：原来，不是路已到了尽头，而是该转弯了。他恍然大悟：自己之所以沉沦，只是不知道转弯而已。

　　从此，他以轮椅代步，根据自己对影视的了解，开始当起了导演。他的改变也改变了他的生活，他首席执导的影片就荣获了金球奖；他还用牙关紧咬着笔，开始了艰难的写作；他的第一部书一问世就进入了畅销书排行榜；与此同时，他创立了一所瘫痪病人教育资源中心，并当选为全身瘫痪协会理事长。他还四处奔走，举办演讲会，为残障人的福利事业筹募善款，成了一个著名的社会活动家——他又恢复了原先对生活的那种激情。

　　克里斯朵夫·李维回顾自己的心路历程时说："以前，我一直以为自己只能做一位演员，没想到今生我还能做导演，

当作家，并成了一名慈善大使。原来，不幸降临的时侯，并不是路已到了尽头，而是在提醒你:你该转弯了！"

学会转弯也是人生的智慧，因为挫折往往是转折，危机同时也是转机；路在脚下，更在心中；心随路转，路随心宽，换一种方式去思考问题就会峰回路转。

庄则栋是我国的乒乓名将，在一次国际的比赛中，他的对手是一个日本人。在此之前，庄则栋曾在三次比赛中都输给了他，这次，要想赢对手，这种可能性太小了。但这次比赛与往日不同的是，这次比赛涉及与日本的外交，他被更多的人给予关注，周恩来亲自过问。对于这场比赛，就连庄则栋自己也没信心，因为日本人把他的特点都研究透了，比赛必败无疑。

所有的人都以为庄不可能战胜对手，但就在比赛之前的一个小时，容国团的一席话启发了庄则栋:"日本人把你的特点都研究透了，那么我们就不用优点和他打，我们用你的缺点对付你的对手，他们只会研究你的优点，对你的缺点是一无所知的。"

有了容国团的这番话，庄则栋在比赛中以3:0的绝对优势战胜对手。日本人很是疑惑:就在三个月前还是自己手下的

败将，为何现在自己在他面前却变得不堪一击了。

因此，生活中总有许多限制，每当遇到一件事无法解决时，也许你可以停下脚步，想一想是否有转折的空间，或许换种方法，换条路走，事情就会简单点。如果在那一刻想不到这些，就会一味地在原地踏步或绕圈，让自己一直陷在痛苦的深渊中。

有一种马嘉鱼，平时生活在深海中，但到它产卵时，就随着海潮游到浅海。渔人捕捉马嘉鱼的方法挺简单：用一个孔目粗疏的竹帘，下端系上铁坠，放入水中，由两只小艇拖着，拦截鱼群。马嘉鱼的个性很强，不爱转弯，即使闯入罗网之中也不会停止。所以一只只陷入竹帘孔中为渔人所获。因此，不会转弯的往往只有死路一条。

一天，有人找到一位会移山大法的大师，叫他当众表演一下。大师在一座山的对面坐了一会儿，就起身跑到山的另一面，然后说表演完毕。众人大惑不解，大师道：这世上根本就没有移山大法，唯一能够移动山的方法就是：山不过来，我就过去。

人生路上，每个人都有自己奋斗的方向和生命坐标，如果奋斗方向错了，就应及时调整，人生坐标定位错了，就要

　　移动生命的坐标。如果所面对的无法改变，那我们就先改变自己，只有这样，才能最终改变属于自己的世界。

　　我们每天行路，常有山水坎坷阻碍在自己的面前，行不通时，只要转了个弯，就会轻松绕过困难，能成功地到达终点。转弯不是在逃避，做一件事失败了就转做别的话，也许就有人说这人没有毅力，其实东方不亮西方亮，失败并不可怕，可怕的是你因循守旧地继续着失败，转弯是为了寻找更好成功的道路，并不是逃避，更不是没有毅力。当你失败时，如果调整一下目标，改变一下思路，在"山重水复疑无路"时，学会转弯，又何尝不会出现"柳暗花明又一村"的美好风光呢？

保持热情

　　成功与其说是取决于人的才能，不如说取决于人的热忱，热忱使我们的生命更有活力；热忱使我们的意志更坚强，因此不要隐藏你的热忱。如果有人以轻视的态度称你为狂热分子，那么就让他这么说吧，因为源源不断的热忱，能使你永葆青春，让你的心中永远充满阳光，生活永远充满着激情。让我们牢记这样的话："用你的所有，换取你在工作上的满腔热情。"正因为如此，大多数功勋卓著的伟人就具备了这一点才走向成功的。

　　拿破仑几乎征服了整个欧洲，他对他的理想充满了把征

服一切成为可能的激情。他发动一场战役只需要两周的准备时间，换成别人则不一定做的到，历史也证明，很少有人能够做到。拿破仑之所以能够领导军队如此迅速的完成战役，正是因为他那无与伦比的热情，战败的奥地利人被拿破仑创造的战争奇迹惊呆了，发出了"他们不是人，是会飞行的动物"的感慨。

拿破仑在第一次远征的行动中，仅仅用了半个月的时间就打了好几次场胜仗，缴获了几十面军旗、几十门大炮，俘虏了近一万余人，并占领了预定的目标地。拿破仑与他的士兵正是以这么一种根本不知道失败为何物的热情，从一个战场走向另一个战场，从一个胜利走向另一个胜利，他们差点改写了历史。

什么是热情呢？英文中的"热情"这个字是由两个希腊字根组成，一个是"内"，一个是"神"。中文的解释是：热情是一个人因为对所从事的事情具有浓厚的兴趣，对事情的未来充满信心，而表现出的一种高度负责、全身心投入的一种情感。同时，热情还是一种积极、乐观、豁达的生活态度。

事实上，每个人都有理由充满工作热忱，不论你从事的

是哪一个行业，只要是自己认为是理想的职业就应该热爱它的，热爱也就自然释放热情。热情对于做人或成事都是不可或缺的条件，没有热情，军队无法取得胜利；没有热情，人们不可能创造出今天如此丰富的物质生活；没有热情，人们不可能征服自然界各种强悍的力量而成为万物的尊长；没有热情，经济不可能这样迅速的全球化，我们的生活也绝对不是现在的模样。

　　热情是一种神奇的东西，它足以吸引任何具有影响力的人，它是你工作成功的关键要素。对于我们现实生活中的人也是一样，如果你对工作缺乏热情，那么无论你从事什么工作，你都不会有突出的成就；你无法在人类历史上留下任何印记；做事如果是平平淡淡的态度，就会在庸庸碌碌中了却此生。你的人生结局将和千百万的平庸之辈一样，一事无成。

　　同样一份工作，同样由你来干，有热情和没有热情，效果是截然不同的。前者使你变的有活力，工作干的有声有色，创造出许多辉煌的业绩。而后者使你变的懒散，对工作冷漠处之，当然就不会有什么发明创造，潜在能力也无所发挥——你不关心别人，别人也不会关心你；你自己垂头丧气，别人自然对你丧失信心；你会成为可有可无的人，你也

就等于取消了自己继续从事这份职业的资格。可见，培养热
情是竞争中至关重要的。

所以，当你兴致勃勃地工作，并努力使自己的领导和顾
客满意时，你所获得的利益就会相应地增加。你要时刻告诉
自己，你做的事情正是你最喜欢的，然后高高兴兴地去做，
使自己感到对现在的职业已很满足。还有，你要表现热忱，
告诉别人你的工作状况，让他们知道你为什么对这项职业感
兴趣。

"失去了热情，就损伤了灵魂。"每一个致力于成功的
人，都应该牢记这句话。在各种成功素质中，居于首位的，应
该就是热情。热情是一种意识状态，它能鼓舞和激励你采取积
极的行动，让你整个身体充满活力，使你的学习与生活不再显
得辛苦、单调。它还能感染和你接触的每一个人与你一道共同
奋斗，创造美好未来。热情也就是内心的光辉——一种炙热
的、精神的特质，如果将这种特质注入到你的奋斗之中，那
么你无论面对什么样的困难都将所向披靡，战无不胜。

拥有热情，你就可以用更高的效率、更彻底的付出做
好每一件事，你会觉得你所从事的工作是一项神圣的天职，
你将以浓厚的兴趣，倾注自己所有的心血把它做到最好；拥

有热情，你就会敏感地捕捉生活中每一点幸福的火花，体验快乐生活的真谛；拥有热情，你会以宽广的胸怀获得真诚的友谊，用你的爱心、你的关怀、你的胸襟创造和谐的人际关系；拥有热情，你就会以更加积极的态度面对生活，以高昂的斗志迎接生活中的每一次挑战与考验，以不屈的奋斗向自己的目标冲刺，用热情之火将自己锻造成一座不倒的丰碑。

　　所以，热情是点燃生命的火种；热情是照亮前程的心灯；激荡内心澎湃的热情方能绽放光彩绚丽的人生！

积极主动

被动做事，做事者对于完成事情的价值的愉悦不是在于做事的过程和结果体现，而是决定于给他分配任务的命令者对于事后的精神状态。首先在心理上有了抵触情绪，就会削弱他克服困难的信念，并且在心理上会不停的否定自己完成的每个环节，不仅会有体力的消耗，更会有精神的折磨。在这样的一个心理环境下做事，效率是极低的。迈克尔·乔丹说："我不相信被动会有收获，凡事一定要主动出击。"

竞争激烈的现代社会，每个机会都会有许多人在竞争，要想把握机会，必须学会主动出击，积极推销自我。两个人

在竞聘一个职位时，他们都没有经验，其中一人说自己不懂，没有信心；另一个人则说自己虽然没经历过，但有信心做好。最终，机会落在第二者头上。立刻去做!可以应用在人生的每一个阶段。帮助你做自己应该做却不想做的事情；对不愉快的工作不再拖延，抓住稍纵即逝的宝贵时机，实现梦想。

两个同龄的年轻人同时受雇于一家公司，并且拿同样的薪水。

可是一段时间后，叫王霸的小伙子得到了老板的器重，而那个叫张同的却仍在原地踏步。张同很不满意老板的不公正待遇，终于有一天他到老板那儿要辞职。老板一边耐心地听着他的抱怨，一边在心里盘算着怎样向他解释清楚他和王霸之间的差别。

"张同，"老板说，"你明早到集市上去一下，看看早上有什么卖的。"

第二天，张同从集市上回来向老板汇报说："今早集市上和昨天一样，没有什么特别的东西可买。"

"有卖鸭蛋的吗?"老板问。

张同赶快戴上帽子又跑到集市上，然后回来告诉老板说

“有”。

“多少钱一斤？”

张同又第三次跑到集上问来了价钱。

“好吧，”老板对他说，“现在请你坐到这把椅子上一句话也不要说，看看别人怎么做。”

王霸很快就从集市上回来了，并汇报说，到现在为止只有一个农民在卖鸭蛋，一共40斤，价格是多少，质量怎么样都说得很清楚，他带回来一个样品让老板看看。昨天那个农民铺子里的鲜肉卖得很快，库存已经不多了。他带来了集市上所卖的商品名录和价格表。

此时老板转向了张同，说：“你现在肯定知道我为什么器重王霸的缘由了吧？”

所以人生伟业的建立，不在于能知，而在于能行。这种“行”是主动的，主动出击，能充分发挥人的主观能动性。先是做事者有对成功完成这件事的渴望，为了使行动容易，将所需的工作环境整理好，或把周围一些令心情散乱的事物消灭掉，然后他才会充分的投入激情，在行动中享受收获的喜悦，在愉悦的驱使下你会全力以赴，这时你会发现眼目所

及之处还有无穷天地。

　　做事主动才能主宰成功，若一个人制订了人生目标，但不亲自去实现这个目标，这目标等于虚设。冥思苦想谋划如何有所成就，如何赚大钱，决不能代替实地去做。主动行动才是化目标为现实的关键，主动行动才是潜能的引爆器。

　　一位雕刻家，他很有能力。每当他到了工作的时间，一定马上拿起刀开始做事，这段时间内，他从来不打电话闲谈，也不会喝咖啡等等。他从长期的经验中已了解到，在纸上没有成绩是不可以到任何地方去的。每个成功的人士和平庸者相比，总会有一些所谓的"怪习惯"：他们雷厉风行地做事会到不讲人情的地步，在做事时的热情能到了风风火火的程度，这些表象的东西是他们做事主动出击力度强大的体现。有了主动出击的念头，接下来就是在行动中注意保持这份主动的技巧。

　　某种事情，无论如何不可能办到时，主动就表现在对一定要找到出现问题的核心，然后以种锲而不舍的精神去找到它的症结所在，一旦克服了它，其他部分就容易解决了。假使你无论如何也找不出常规做法时，应该充分发挥你的才

智，在"你认为可以"的地方着手。平时就要养成一种习惯，用"做事主动"的警句自我激励，对某些小事情做出有效的反应。这样，一旦发生了紧急事件，或者当机会自行到来时，你同样能做出强有力的反应，做事主动起来，而不至于任由机会擦身而过。

许多人都有拖延的习惯，这是主动的天敌。由于这种习惯，他们可能出门误车，上班迟到，或者更重要的——失去可能更好地改变他们整个生活进程的良机。不论你现在如何，只要用积极的心态去行动，你都能达到理想的境地。

有一家公司的总裁才华横溢，而且精力旺盛、精明干练，但是管理风格看起来却十分独裁，不给下属有晋升的机会。他认为部属从不会有独当一面的能力，人人都只是奉命行事的小角色，连经理也不例外。

这种作风几乎使所有经理们离心离德，大多一有机会便聚集在走廊上大发牢骚。乍听之下，不但言之成理而且用心良苦，仿佛全心全意为公司着想。只可惜他们光说不练，以上司的缺失作为借口而"坐言却不起行"。

有一位主管却不愿意向环境低头。他并非不了解顶头上司的缺点，但他的回应不是抱怨，而是设法弥补这些缺失。上司颐指气使，他就加以缓冲，减轻属下的压力。又设法配合上司的长处，把努力的重点放在能够着力的范围内。受差遣时，他总尽量多做一步，设身处地体会上司的需要与心意。假如奉命提供资料，他就主动附上资料分析，并根据分析结果提出建议。有一天，一位公司的顾问与该公司总裁交谈，他大为夸赞这位主管。以后再开会时，唯有那位积极主动的主管，受到总裁征询意见，他因此受到重用。

有人误以为"做事主动"就是强出头、富有侵略性或无视他人的反应，其实不然，积极主动的人只是反应更为敏锐，更为理智，能够切乎实际发现并掌握阻碍成功的症结所在，而去实施行动直至成功。

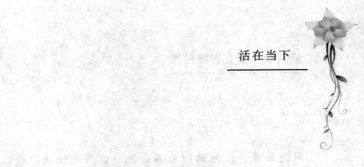

每天做好"分外事"

　　生活中有许多人只会斤斤计较，不愿去做一些分外事，于是他们也就常常得不到"分外"的回报，更不能得到"分外"的发展机会以及"分外"的能力锻炼。因此，他们一辈子也只能做他那一份小得可怜的"分内事"，得到也是那一份被自己一直抱怨着的分内回报。每天做一件"分外事"，提升的是你个人的能力，不管在哪个方面，每天必须去做一件。

　　王连九是一名地道的浙江安吉农村妇女，目前在上海做保姆，去年在联合国教科文组织在上海举办的"中国就业论坛"上唯一一名在会上发言的上海外来务工者。

　　41岁的王连九说："我讲安吉话，上海人能听懂。我烧的饭菜，上海人吃着香。"王连九说，她知道在上海找一份工作并生存下来很难，更别说完全靠自己找到一份工作了，所以她格外珍惜自己的就业机会。正是这份感恩之情让王连九工作得很细心，更受到了雇主的好评。但一个普通的保姆，为何能有如此大的影响呢？

　　王连九的第一份工作是照料一个四个月大的婴儿，可她并不是把心思只用在这个婴儿上，她总是为自己的分外工作动着心思：不等雇主吩咐，她把雇主家箱箱柜柜里的衣物晒了个遍，还分类收拾整齐。得知主人每天晚上要八点才能回家，细心的她就悄悄把做饭时间推迟，做到："饭好主人归"，使主人能吃到刚做的饭菜。……她在"分外事"上和分内是一样地用心。王连九的第二个雇主的新家刚刚装修完毕，请来王连九一人率先入住打扫。一周后主人回到新家，眼前清亮无尘的新居让她惊讶无比，竟然连车库也被打扫得干干净净。王连九的工作赢得了雇主和家政公司的好评，她更赢得了雇主的尊重。同时，雇主的尊重促使她更细心地经

营着自己的事业。王连九说，永远比雇主多一份心，才能做好保姆这份工作。虽然做保姆这份职业不到一年，但她的工资已经比同行要高得多了，其中的缘由就是在工作中多做"分外事"。

　　每天做好自己的本职工作，只能说你像是一头牛一样的任劳任怨，而在做好本职工作的同时做点分外事，则更能得到他人的认可，这是一个人有气度和有职业精神的表现。无论你是身在职场还是身在官场，想有更多的得到，不仅体现在认真做好本职工作上，也体现在愿意接受额外的工作上，要能够主动为他人分忧解难。因为额外的工作往往是紧急而且重要的，尽心尽力地完成它是敬业精神的体现。

　　在工作中，我们常常会接到额外的任务，要知道这是对你工作认可的表现，但有时自己也会产生"为什么这些事都找我呢？"的想法，觉得有些苦乐不均。其实分外的事并不分外，事情不是预先计划好的，但是现在发生了就需要人去处理，能够被选作处理这些临时事物应该感到自豪才是，这说明你的工作能力得到了认可，说明人们对你的工作放心，处理这些事物的同时也是对自己的锻炼，应该很好地珍惜这个机会才对。至于一些本来应该做的事情，可能会被临时的

工作冲击，这可以通过协调来解决。

在工作中面对可做可不做的分外事，有的人选择了做，而另一些人则不会去做。做额外的工作不存在对与错的问题，但由此可以看出一个人各方面的素养。

选择做"分外事"，虽然这样做很费劲，但能证明自己的能力，而且在关键时刻挺身而出，绝对会给领导留下深刻的印象。不做"分外事"虽然避免了劳心费神，但从工作的责任角度来看，做"分外事"更为恰当。

在职场上，很多人认为只要把自己的本职工作做好就万事大吉了，接到老板或上司安排的额外工作，就会愁眉不展，唠唠叨叨地抱怨。

"安徽十大私企杰出人物"之一的刘军，在担任世林集团公司经理时，一天晚上，公司有十分紧急的事，要发通告信给所有的营业处，所以需要抽调一些员工协助，当刘军安排一个下属去帮忙套信封时，那个员工傲慢地说："分外的事我不做，我到公司来不是做套信封工作的。"

听了这话，刘军一下就愤怒了，他说："既然不是你分内的事就不做，那就请你另谋高就吧！"第二天就辞了这个

有着博士学历的员工。

　　刘军在公司原先是一个工作热情不是很高的青年，他有获得出色的工作成绩的渴望，但从未真正争取过，更不知道自己如何去做。

　　一天，他把这个苦恼和愿望不经意地告诉了父亲，父亲教导他："如果让愿望更加明确，在做好平时工作任务的同时，再设立额外的工作任务，慢慢地你就能实现自己的愿望了"。

　　父亲的话点燃了刘军的激情。从此他不论完成任何一项上司要求的工作任务，都会设立一个明确的数字作为目标，并努力在最短时间内完成，然后，再多完成一项自己定的工作任务。刘军后来成为了公司业绩最好的员工，得到了同事和上司的认同，直到他坐到领导的位置。

　　抱怨分外的工作，一是做人显得没有气度，再者也显得没有职业精神，任何一个老板都不会喜欢这样的员工。被财富器重的人，不仅要认真做好本职工作，也要乐意接受额外的工作，勇于负重，任劳任怨，主动为他人分忧，尽心尽责地完成额外的工作会给你带来意想不到的成功。